理科が面白いほどわかる

‖ 改訂版 ‖

大学入試

山川喜輝の

が面白いほどわかる本

生物基礎

河合塾
講師

山川喜輝

＊本書には「赤色チェックシート」がついています。

＊本書は、小社より2014年に刊行された『大学入試　山川喜輝の　生物基礎が面白いほどわかる本』の改訂版です。

はじめに

　多くの受験生の応援のおかげで版を重ねてまいりました『大学入試　山川喜輝の　生物基礎が面白いほどわかる本』が，この度，新課程の教科書（2022年度改訂）対応版となりました。

　この本は，今学校で「生物基礎」を学んでいる高校生はもちろん，これから「生物基礎」を学ぼうとしている高校生，共通テストで「生物基礎」を受験する予定の受験生に向けて書かれています。

　僕はこの本を書くにあたり，文章による説明に加えて，わかりやすい図がたくさん必要だと考えました。そのため，ほぼ，どのページにも図があり，文章と図の両方で確実に理解できるよう工夫しました。生物という教科を学ぶ上で，初学者がつまずきやすいポイントして基本事項の理解があります。生物では基本事項を正しく理解することが意外と難しいんです。数学などはこの逆で，四則演算のような基本事項は誰もが理解できるんだけど，それらが組み合わさった応用になると難しくなっていきます。しかし，生物の場合は，基本となる生命現象を理解する段階で誤解が生じやすく，しかもそれに気がつかず学習を続けていくと，あたかもボタンのかけ違いのように，後々になってつじつまが合わないといったことが起こりやすいんです。そのような誤解を，文章と図の両方の説明で防ごうと考えたわけです。

　僕はふだん予備校で教えているんだけど，教科書通りの説明に加えて，少し深い（大学レベルの）説明をすることがあります。そのほうが，生徒の納得が得られるんですね。これは知識の表面的な部分を見ていただけでは理解できないことも，ちょっと掘り下げることで知識の背景が見えてきて"腑に落ちる"感覚が得られるからです。目次で見ると独立しているように見える各項目の生命現象も，じつは深いところでは互いに関連し合っていることがあるんです。この本では，そのような知識のつながりについてていねいに説明しています。用語を1つ

１つ独立して暗記するより，それらのつながりに注目してストーリーとして理解するほうが，一度覚えたことを忘れにくいんです。だから，この本は，小説やマンガのように読み進めてほしいんです。最初に読むときには，細かいことは気にせず，ざっくりと大きなストーリーを把握するつもりで。そして，２回目以降は，細部に注意を払いながら読むのがいいと思います。

　僕がこの本で伝えたいことは，とにかく楽しむこと。いくら試験（受験）勉強だからといって，ノルマをこなすように勉強していたのでは味気ない上に，なかなか成績も伸びません。まずは，生物を楽しく勉強することから始めましょう。楽しむと脳が活性化して記憶力が高まることがわかっています。勉強を楽しむことができれば，学校の成績も自然と上がってきます。この本は「生物基礎」を楽しく学びながら，しかも，学校の試験や大学入試に必要な知識を余すところなく身に着けられるような工夫が盛り込まれています。たとえば，ふだんの授業で僕がする雑談ネタも「コラム」として載せてあるので，息抜きに読んでみてほしいんです。「生物基礎」の面白さ，奥深さに触れることができます。そして，１冊読み終わる頃には，生物アレルギーはすっかりなくなっていることでしょう。そうなったらしめたもの。学校での勉強も面白くなるだろうし，試験もコワくなくなるはずです。

　この本の使い方に制限はありません。純粋に受験参考書として読み進めていくのもいいし，教科書ガイドとして学校の授業の復習に使ってもいいです。また，インターネットで調べたことなどをこの本に書き込んで，自分だけの参考書に仕立て上げてもらってもかまいません。
　準備はできたかな？　では，さっそく「生物基礎」の授業を始めることにしましょう。

山川　喜輝

この本の使い方

▶あらゆる使用目的に対応

　授業の予習・復習から共通テスト対策まで使えるオールマイティな本だよ。理系受験生だけでなく，文系受験生にとってもおおいに役立つはずだ。

　＊ 発展 は理系受験生必読。「生物基礎」のみが必要な受験生は読みとばしてもいいよ。

▶まずは，はじめから読み進もう

　とにかく1ページ目から読んでいけば理解できるように書いてあるよ。説明が少し長い部分もあるけど，これは用語を用語で説明するような本にはしたくなかったからなんだ。なるべく，ふだん使うような平易な言葉で書いたので，どんどん読み進められるはずだ。

　＊各項目につけた星印は重要度を表している。★★★が最も重要なもの（試験などでよく問われる），★☆☆は比較的重要度が低いことを示しているよ。初読のときは★★★のついたところを中心に読み進めるといいよ。

▶トコトンていねいな解説と図の多用！

「なぜ，その現象が起こるのか」という観点を大切にし，教科書よりも深く掘りさげた本質的な説明が展開されているから，"生物学的思考回路"がバッチリ身につくよ。シンプルでわかりやすい図を多用しているから難しいこともイメージしやすいよ。

▶問題にチャレンジしてみよう

　説明のあとには問題が用意されているので，これも解いてほしい。これらは受験によく出る問題で，理解を確認するのに最適な良問ばかりだ。実際に入試で出題された過去問も多数収録されているよ。

　＊星印は出題頻度を表している，★★★はよく出題される問題で必ずマスターしたいもの，★☆☆は力試しの問題だ。

▶ひととおり終わったら，問題だけでも再チャレンジ

　この本を最後まで読み終えたら，問題だけでもかまわないから，もう一度はじめから解いてほしい。2回目なら，そんなに時間はかからないはずなので，めんどうくさがらずやってみることをすすめるよ。

もくじ

本文イラスト：小塚 類子

序章 顕微鏡観察の基本操作

STORY 1　顕微鏡

　生物の体は，細胞が集まってできている。たとえば，ヒトの体はおよそ37兆個もの細胞が集まってできているんだ。細胞はとても小さいので，ふだんはその存在をほとんど意識することはない。そんな細胞を，いったい誰が最初に発見したのだろうか？　細胞の研究の歴史からみていくことにしよう。

1　細胞の発見と細胞説 〉★☆☆

1665年　フック（イギリス）は自作の顕微鏡でコルクの薄い切片を観察して，多数の小部屋からなることを発見し，これを細胞（cell）と名づけた。

> フックが見たものは，死んだ細胞の細胞壁だったんだ

1674年　レーウェンフック（オランダ）が微生物や赤血球などを発見。後に精子も発見（1677年）。

1838年　シュライデン（ドイツ）が植物体について細胞説を提唱。

1839年　シュワン（ドイツ）が動物体について細胞説を提唱。

1858年　フィルヒョー（ドイツ）は「すべての細胞は細胞から生じる」と唱え，細胞説を発展させた。

"細胞説"って，何ですか？

細胞説とは，「**細胞は生物の構造と機能の単位である**」という考えだ。つまり，どんな生物も細胞が集まってできており，食べる・増える・呼吸するといった生命現象は細胞単位でもみられるってことなんだ。

《POINT ①》 細胞の発見と細胞説

◎フック ➡ コルク片を観察し，細胞（細胞壁だけの死細胞）
を発見

◎シュライデン ➡ 植物体について細胞説を提唱

◎シュワン ➡ 動物体について細胞説を提唱

◎細胞説 ➡「細胞は生物の構造と機能の単位である」

2 細胞を観察するツール ―顕微鏡― 〉★★☆

たいていの細胞はとても小さいので肉眼で見ることができない。そこで必要となるツールが顕微鏡だ。細胞の観察によく使われるのは，光学顕微鏡と電子顕微鏡だ。

電子顕微鏡は光学顕微鏡よりも高倍率なので，より微細な構造を観察できる。だけど，弱点もあるんだ。それは，細胞を固定（速やかに殺すこと）して真空中で観察するために，**生きた細胞をそのまま観察できない**ってことなんだ。

次のページに光学顕微鏡と電子顕微鏡の違いをまとめたよ。

■光学顕微鏡と電子顕微鏡

	光学顕微鏡	電子顕微鏡
しくみ	ガラスのレンズによって可視光線を屈折させて，像を拡大する。	電磁コイルで電子線を屈折させて，像を拡大する。
最大倍率・分解能	最大倍率　2000倍 分解能　　0.2μm	最大倍率　100万倍 分解能　　0.2nm
特　徴	細胞を生きたまま観察できる。	細胞を固定し，真空中で観察する。

1 mm＝1000 μm（マイクロメートル），　1 μm＝1000 nm（ナノメートル）

分解能とは，2点を見分けることのできる最小の距離のこと。値が小さいほど高性能だ。

3　光学顕微鏡の使い方 ＞★★★

① 顕微鏡のセッティング

❶ まず接眼レンズを取りつけ，そのあとで対物レンズを取りつける。

➡ホコリなどが鏡筒内に落ちて対物レンズの内側が汚れるのを防ぐためだ。

調節ねじ
接眼レンズ
レボルバー
対物レンズ
ステージ
しぼり
反射鏡

❷ 低倍率で接眼レンズをのぞきながら，反射鏡を動かして視野を明るくする。

❸ プレパラートをステージ上にセットする。

❹ 顕微鏡を横から見ながら，調節ねじを回し，対物レンズをプレパラートにすれすれまで近づける。

❺ 接眼レンズをのぞき，**対物レンズをプレパラートから遠ざけながら**，ピントが合うところを探す。

　➡対物レンズをプレパラートにぶつけてしまわないためだ。

❻ レボルバーを回して高倍率の対物レンズに変え，しぼりを操作して明るさ・コントラストを調節する。

　➡しぼりをしぼると，視野が暗くなり，コントラストが強くなる。また，ピントが合う範囲が広くなる（焦点深度が深くなる）よ。

② 顕微鏡の倍率

光学顕微鏡では，**接眼レンズ**と**対物レンズ**の2つのレンズで像を拡大する。顕微鏡の倍率は次の式で求められる。

> 倍率（拡大率）＝ 接眼レンズの倍率 × 対物レンズの倍率

③ 顕微鏡像 ―プレパラートの動かし方―

顕微鏡をのぞいて見える像は，上下左右が反対の**倒立像**だ。そのため，視野内の対象を動かすには，**動かしたい方向と反対方向にプレパラートを動かす**んだ。プレパラートのつくり方については，「植物細胞の観察」（▶P. 39）を見てね。

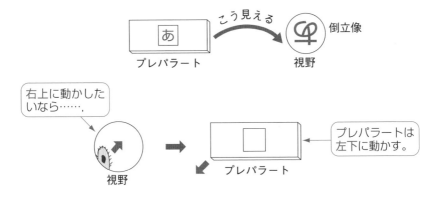

《POINT ❷》 顕微鏡の使い方

◎接眼レンズ ➡ 対物レンズ の順に，取りつける。

◎対物レンズをプレパラートから遠ざけながらピントを合わせる。

◎顕微鏡で見る像は，上下・左右が逆の倒立像

問題 ❶　　**顕微鏡の使い方**　★★★

問1　光学顕微鏡について正しいものを次の①〜⑤から二つ選びなさい。

① 顕微鏡の倍率は，（対物レンズの倍率）＋（接眼レンズの倍率）で決まる。

② ピントを合わせるときは，プレパラートを対物レンズに近づけながら行う。

③ 高倍率にするほど，ピントの合う範囲が小さくなる。

④ 高倍率にするほど，視野の範囲が狭くなる。

⑤ 高倍率にするほど，視野の明るさが明るくなる。

問2　顕微鏡で観察したとき，観察したい細胞が視野の右上に見えた。この細胞を視野の中央に移動させるためには，プレパラートをどの方向に動かせばよいか。正しいものを次の①〜④から一つ選びなさい。

①　右上　　②　右下　　③　左上　　④　左下　　〈オリジナル〉

《《《✔解説》》》

問1　① 顕微鏡の倍率は，（対物レンズの倍率）×（接眼レンズの倍率）で決まるので，**誤り**だ。

② プレパラートを対物レンズに近づけながらピントを合わせると，プレパラートを対物レンズにぶつけてしまうよ。**誤り**だ。

③ **ピントの合う範囲（焦点深度）は，低倍率であるほど広く，高倍率であ

るほど狭くなる。そのため，高倍率にするとピントを合わせるのが難しくなるんだ。よって，**正しい**。

④　高倍率にするほど，小さい範囲を拡大して見ることになるのだから，視野の範囲は狭くなるよね。**正しい**。

⑤　高倍率ほど狭い範囲を見るのだから，その範囲からレンズに入ってくる光の量も少なくなる。つまり，暗くなるんだ。よって，**誤り**。

問2　顕微鏡では倒立像が見えるんだったよね。右上に見える細胞を左下に動かしたいのだから，プレパラートは反対の**右上**に動かせばいいんだ。

━━━━━━━━━━━《 解答 》━━━━━━━━━━━

問1　③，④　　問2　①

STORY 2 / ミクロメーター

　細胞などの大きさを測る "ものさし"，それがミクロメーターだ。ミクロメーターには対物ミクロメーターと接眼ミクロメーターの2つがあり，これらをセットで使う。

　細胞の大きさを測る前にやらなくてはいけないことは，対物ミクロメーターを使って接眼ミクロメーターの1目盛りの長さを決めることだ。

> どうして，接眼ミクロメーターの1目盛りの長さを決める必要があるの？

　接眼ミクロメーターの目盛りは視野を刻むだけ（相対的という意味だ）なので，顕微鏡の拡大率を変えると1目盛りの長さが変わってしまうんだ。そこで，絶対的な値をもつ対物ミクロメーターを使って，視野内の接眼ミクロメーターの1目盛りの長さを測定する必要があるんだ。

　対物ミクロメーターには，1mmを100等分した目盛り（1目盛り＝10 μm）が刻まれているので，これを基準にするんだ。

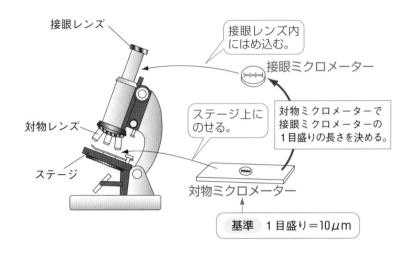

接眼レンズ

接眼レンズ内
にはめ込む。

接眼ミクロメーター

ステージ上に
のせる。

対物ミクロメーターで
接眼ミクロメーターの
1目盛りの長さを決める。

対物レンズ

ステージ

対物ミクロメーター

基準 1目盛り＝10μm

❶ **接眼レンズ内に接眼ミクロメーターを**はめ込む。また，**ステージ上に対物ミクロメーターを**セットする。

❷ 対物ミクロメーターの目盛りにピントを合わせ，2つのミクロメーターの目盛りが平行になるようにする。

❸ 2つのミクロメーターの目盛りが重なる2か所を探し，その間の目盛りの数を数える。

　例　右の図では，接眼ミクロメーター25目盛りと対物ミクロメーター8目盛りが一致している。

❹ 対物ミクロメーターの1目盛りは$10\mu m$（1 mmを100等分してある）なので，次の式で接眼ミクロメーター1目盛りの長さが求められる。

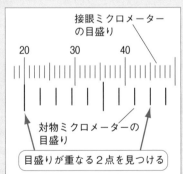

接眼ミクロメーター
の目盛り

20　　　30　　　40

対物ミクロメーターの
目盛り

目盛りが重なる2点を見つける

接眼ミクロメーター1目盛り〔μm〕

$$= \frac{\text{対物ミクロメーターの目盛り数} \times 10}{\text{接眼ミクロメーターの目盛り数}}$$

例 前ページの図では,

接眼ミクロメーター1目盛り〔μm〕$= \dfrac{8 \times 10}{25}$〔$\mu$m〕

$= 3.2$〔μm〕

❺ 対物ミクロメーターをステージからはずし，プレパラートをセットして，接眼ミクロメーターの目盛りから細胞の大きさを測る。

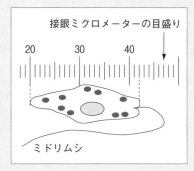

接眼ミクロメーターの目盛り

ミドリムシ

例 上の図では，細胞（ミドリムシ）の大きさは，

3.2μm $\times 22$目盛り$= 70.4\mu$m

《POINT❸》 ミクロメーター

◎接眼ミクロメーター ➡ 視野を刻む目盛り。倍率を変える
と1目盛りの長さも変わる。

◎対物ミクロメーター ➡ 倍率にかかわらず，
1目盛り$= 10\mu$m
接眼ミクロメーターの1目盛りの長さを決めるのに使う。

　光学顕微鏡で細胞などの大きさを測定するには，接眼ミクロメーターと対物ミクロメーターを用いる。前者は丸いガラス板で，中央に100等分した目盛りが刻まれており，後者は方形のガラス板で，中央に1mmを100等分した目盛りが刻まれている。接眼ミクロメーターは（ A ）に，対物ミクロメーターは（ B ）にセットして使用する。

　いま，<u>倍率10倍の対物レンズと倍率10倍の接眼レンズの組合せで観察したところ</u>，右の図のようになった。

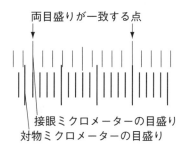

両目盛りが一致する点

接眼ミクロメーターの目盛り
対物ミクロメーターの目盛り

問1　文中のA, Bの（ ）に適する語句を答えなさい。

問2　下線部について，このときの観察倍率は何倍か。

問3　接眼ミクロメーターの1目盛りの長さは何μmか。

問4　対物レンズを40倍に変えると，接眼ミクロメーターの1目盛りは何μmになるか。　　　　　〈オリジナル〉

━━━━━━━━━━ ✔解説 ━━━━━━━━━━

問1　接眼ミクロメーターは接眼レンズの中に入れて使う。一方，対物ミクロメーターは対物レンズの中に入れるのではなく，ステージ上にのせて使うんだったよね。

問2　観察倍率（顕微鏡の倍率）＝（接眼レンズの倍率）×（対物レンズの倍率）だから，10×10＝100〔倍〕だ。

問3　いま，接眼ミクロメーター10目盛りと対物ミクロメーター14目盛りが一致しているので，

　　　接眼ミクロメーター1目盛り〔μm〕

　　　$= \dfrac{対物ミクロメーターの目盛り数 \times 10}{接眼ミクロメーターの目盛り数}$　　より，

$$接眼ミクロメーター１目盛り〔\mu m〕 = \frac{14 \times 10}{10} 〔\mu m〕$$

$$= 14〔\mu m〕$$

問4 対物レンズを40倍にすると，観察倍率は400倍になるけど，このとき，接眼ミクロメーターの１目盛りの長さは大きくなるのだろうか，それとも，小さくなるのだろうか？　ちょっと次の図を見てほしい。

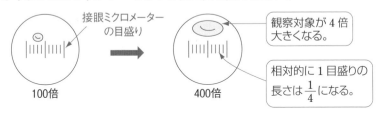

接眼ミクロメーターの目盛り

観察対象が４倍大きくなる。

相対的に１目盛りの長さは $\frac{1}{4}$ になる。

100倍 → 400倍

　倍率を上げると，視野を刻むだけの接眼ミクロメーターの目盛りの見え方（視野の中での大きさ）は変わらないけど，観察対象は大きく見えるようになるんだ。ということは，接眼ミクロメーターの目盛りが指す範囲は小さくなるよね。つまり，相対的に目盛りが小さくなるんだ。

　倍率を４倍にすると，接眼ミクロメーターの１目盛りの長さは $\frac{1}{4}$ 倍になる。したがって，

$$14〔\mu m〕 \times \frac{1}{4} = 3.5〔\mu m〕$$

▽ 解答

問1　A―接眼レンズ（内）　B―ステージ（上）

問2　100倍　　問3　14μm　　問4　3.5μm

☑❶ 17世紀に自作の顕微鏡でコルク片を観察し，多数の小部屋からなることを発見し，これを細胞と名づけたのは誰か。

☑❷ 18世紀に植物体について細胞説を提唱したのは誰か。

☑❸ 18世紀に動物体について細胞説を提唱したのは誰か。

☑❹ 顕微鏡のレンズを取りつける順は，接眼レンズが先か，対物レンズが先か。

☑❺ 顕微鏡で観察するとき，まずはじめに低倍率と高倍率のどちらで観察するべきか。

☑❻ 顕微鏡で観察するとき，高倍率にするほど視野は明るくなるか，それとも暗くなるか。

☑❼ 接眼ミクロメーターは ア 内にセットして使い，対物ミクロメーターは イ 上に乗せて使う。

☑❽ ある倍率で接眼ミクロメーターと対物ミクロメーターを顕微鏡にセットし，ピントを合わせたところ，接眼ミクロメーター20目盛りと対物ミクロメーター8目盛りが同じ長さとなった。このとき，接眼ミクロメーター1目盛りの長さは何 μm か。ただし，対物ミクロメーター1目盛りは10μm とする。

━━━━━ ✓解答 ━━━━━

❶ロバート・フック　❷シュライデン　❸シュワン　❹接眼レンズ
❺低倍率　❻暗くなる　❼アー接眼レンズ（内）　イーステージ（上）
❽ 4μm

第 1 編

生物の特徴

生物の多様性と共通性

▲細胞について，勉強しよう。

STORY 1 　生物の多様性

　地球上には，いろいろな生物が存在している。現在，知られているだけでも約200万種，まだ名前がついていないものを含めると，その10倍もの生物種がいると考えられているんだ。

　身近なところでは，イヌやネコ，タンポポ，サクラ，カエル，イネ，スズメ……と，ちょっと考えただけでも，じつに多くの生物がいることに気づくよね。でも，これらの生物は，それぞれに姿・形も違えば，生活のし方も違う。同じ生物といっても，いろいろと違う部分があるんだ。このように，**ちょっとずつ性質の異なるものが何種類も存在すること**を生物の多様性（▶P. 275）というよ。

STORY 2 　生物の共通性

1 　生物に共通した特徴 ＞★★★

　生物には多様性があるものの，その一方で自然界に存在する石や水，あるいはロボットや建築物といった人工物とは違った特徴をもっているんだ。**生物だけにみられる共通した特徴（共通性）**って，何だと思う？

やっぱり，ゴハンを食べて
成長することじゃない？

　うん。それもあるね。ゴハンを食べるのは生命活動のためのエネルギー源を
得たり，体をつくるための材料にしたりするためだ。これらをまとめて代謝と
いうよ。代謝は生物がもつ基本的な特徴の一つだ。
　ほかにも，体が**細胞という基本単位でできている**，**生殖能力をもつ**，**恒常
性をもつ**，**刺激に対して反応する**，などの共通した特徴があるんだ。

■生物の特徴

①細　　胞	生物の体は細胞という基本単位からできている。
②代　　謝	生物の体の中では，さまざまな代謝（＝化学反応）が行われている。動物は食物として有機物を取り込み，それを分解してエネルギーを得たり，再び合成して体の成長に利用したりする。また，植物は光合成により自ら有機物をつくりだしている。

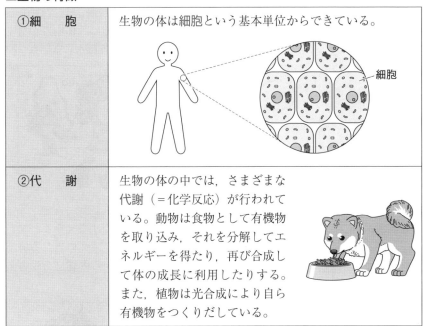

③生殖と 遺伝情報	生物は生殖によって子孫を残す。ゾウリムシはゾウリムシから，ヒトはヒトから生まれるように，生物の特徴を決める遺伝情報は，生殖によって子に受け継がれる。 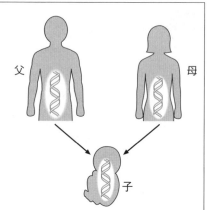
④恒常性	生物は，細胞の活動を安定させるために，体内の環境を一定の範囲内に維持する恒常性というはたらきをもつ。 
⑤刺激に 対する反応	明るいところに出ると瞳（＝瞳孔）が小さくなる。マカラスムギの芽に横から光を当てると，光の当たる側に屈曲する。このように生物は外界からの刺激を受容し，それに応じた反応を示す。 

発展 ウイルスは生物の特徴の一部だけをもつ

インフルエンザやエイズの病原体であるウイルス。ウイルスは細胞構造をもたず，代謝も行わない。また，生殖を行って自ら増えることもできないんだ。

じゃあ，ウイルスはどうやって
増えるんですか？

まず，標的となる細胞に感染（侵入）する。そして，細胞の増殖や代謝の機能を利用して，自分のコピーをつくらせるんだよ。このとき必要となる材料やエネルギーは，細胞のものが使われる。そのため，ウイルスは自分の設計図となる**遺伝子だけをもっている**んだ。

ただし，ウイルスの遺伝子は DNA とは限らない。DNA のかわりに RNA を遺伝子とするウイルスもあるんだ。

　例　DNA をもつウイルス：バクテリオファージ，ヘルペスウイルス

　　　RNA をもつウイルス：エイズウイルス，コロナウイルス

たいていのウイルスは遺伝子とそれを包むタンパク質からなる単純な構造をしていて，細胞よりもずっと小さいんだ。

> ①　細胞構造をもたない。
> ②　外部から栄養を取り込むなどの代謝を行わない。
> ③　自ら増えることはなく，細胞に感染して増える。
> ④　遺伝子をもっている。

このような特徴から，ウイルスは生物と無生物の中間の存在として位置づけられているんだ。

次のア〜オの文を，生物にあてはまるものとウイルスにあてはまるものとに分けなさい。

ア　体が細胞でできている。
イ　外界から物質を取り込み，代謝を行う。
ウ　遺伝物質をもつが，生殖を行わない。
エ　外界からの刺激に対して反応する。
オ　外部環境の変化に対して体内の環境を常に一定に保とうとする。

〈オリジナル〉

═══《✓ 解説》═══

ア　これは生物の特徴だけど，ウイルスの特徴ではない。**ウイルスの体は細胞じゃないんだ。**
イ　**代謝はすべての生物にみられる特徴**だ。でも，ウイルス単独では代謝は行わないよ。
ウ　これはウイルスの特徴。**生物は遺伝物質をもち，生殖を行う。**
エ　これは生物の特徴だね。
オ　これも**恒常性という生物だけの特徴**だ。

═══《✓ 解答》═══

生物－ア，イ，エ，オ
ウイルス－ウ

2 生物の共通性の由来 > ★★★

> 生物には多様性がある一方で，どうして共通の特徴がみられるの？

　それは，**すべての生物が共通の祖先に由来する**からだよ。地球上に最初に生物が誕生したのは今から約40億年前で，細菌（＝バクテリア）のような単細胞生物だったと考えられている。この最初の生物が，長い時間のうちにいろいろな生物に分化して，現在のすべての生物を生んだんだ。このように，**長い時間のうちに生物の遺伝形質が変化していくこと**を進化というよ。進化することも生物の重要な特徴の一つだ。今いる地球上のすべての生物は，共通祖先からの進化の賜物なんだ。だから，生物には共通の特徴がみられるんだよ。

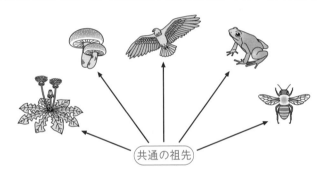

共通の祖先

3 似ている生物をグループ分けする ―分類― > ★★☆

　たとえば，私たちヒトは，母親の子宮の中で育ち，出生後は母乳で育つので，**哺乳類**というグループに属する。哺乳類には，ほかにイヌやゾウ，クジラなどが含まれる。さらに，哺乳類はかたい背骨（＝脊椎骨）をもつので，魚類や両生類，は虫類，鳥類などと同じ**脊椎動物**というグループに入る。このようにして，その生物を特徴に基づいて段階的にグループ分けすることを**分類**というよ。

　生物を分類するためには，その生物がたどってきた進化の道すじを考える必要がある。このような進化の道すじを**系統**といい，系統を樹木状に表した図を**系統樹**というよ。次のページの表と図は，さまざまな脊椎動物を，その特徴に基づいて系統樹にまとめ上げる方法を示しているよ。

第1編　生物の特徴

第2編　遺伝情報とDNA

第3編　生物の体内環境の維持

第4編　生物の多様性と生態系

特　徴	魚類	両生類		爬虫類	鳥類	哺乳類
		幼生	成体			
四肢	もたない		もつ			
呼吸器	えら		肺			
子の生まれ方	卵生					胎生
母乳	なし					あり

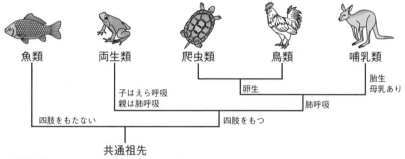

魚類　　両生類　　爬虫類　　鳥類　　哺乳類

胎生
母乳あり

子はえら呼吸
親は肺呼吸

卵生

肺呼吸

四肢をもたない　　四肢をもつ

共通祖先

■系統樹

　上の図のように，生物がもつ特徴に基づいて系統樹を描く方法は昔から行われてきた。しかし，今では DNA の塩基配列やタンパク質のアミノ酸配列の情報に基づいて系統樹を描く方法が主流になりつつあるんだ。このような方法でつくられる系統樹を，とくに**分子系統樹**というよ。

《POINT 1》 進化と系統

◎進　化 ➡ 長い時間のうちに生物の遺伝形質が変化していくこと

◎系　統 ➡ 進化の道すじ

◎系統樹 ➡ 系統を樹木状に表した図

チェックしよう！

- ☑❶ 生物の体は ☐ という基本単位からできている。
- ☑❷ 生物は，有機物を取り込み，それを分解してエネルギーを得たり，体を構成する物質につくり変えたりする。このような化学反応を何というか。
- ☑❸ 生物が子孫を残すことを何というか。
- ☑❹ 長い時間のうちに生物の遺伝形質が変化していくことを何というか。
- ☑❺ 生物を特徴に基づいて段階的にグループ分けすることを何というか。
- ☑❻ 生物が進化してきた道すじと，それに基づく類縁関係を何というか。
- ☑❼ 生物が進化してきた道すじを樹木のように表した図を何というか。

解答

❶細胞　❷代謝　❸生殖　❹進化　❺分類　❻系統　❼系統樹

第2章

生物の共通性としての細胞

▲単細胞生物と細胞群体の違いって，こんな感じ。

STORY**1** 細胞の構造

1 細胞の構造 ＞ ★★★

　細胞は内部にさまざまな細胞小器官をもち，生命活動を分担している。細胞小器官とは，細胞内にみられる一定のはたらきをもつ構造体のことだ。

　細胞は生命活動を営む原形質と，原形質のはたらきでつくられる後形質とに分けられる。さらに，原形質は大きく核とそれ以外の細胞質とに分けられる。

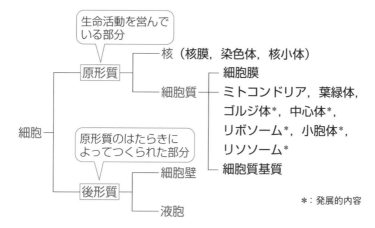

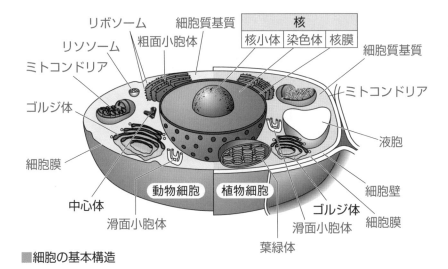

リボソーム
リソソーム
粗面小胞体
ミトコンドリア
細胞質基質
核
核小体　染色体　核膜
細胞質基質
ミトコンドリア
ゴルジ体
核膜
液胞
細胞膜
細胞壁
動物細胞　植物細胞
中心体
細胞膜
滑面小胞体
ゴルジ体
葉緑体
滑面小胞体
細胞膜

■細胞の基本構造

《原形質》

① 核

生命の設計図となる DNA の保管庫，それが核だ。

● **核膜（かくまく）** ➡ 核を包む二重の膜。多数の**核膜孔（かくまくこう）**とよばれる小孔があり，物質の出入りを調節している。

● **染色体（せんしょくたい）** ➡ DNA は細くて長い糸なので，切れたり絡（から）まったりしないようにタンパク質に巻きつき，さらに折りたたまれて存在している。この構造を**染色体**という。染色体は，酢酸カーミンや酢酸オルセインなどの染色液で赤く染まる。染色体のまわりは**核液**で満たされている。

● **核小体（かくしょうたい）** ➡ 1 個〜数個存在する。

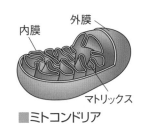

核膜
核膜孔
核小体
染色体

■核

② 細胞質

❶ 細 胞 膜　細胞内外をしきる厚さわずか 5 〜 10nm（なんと原子100個分の厚さ！）の薄い膜。物質の出入りを調節する。**半透性（はんとうせい）・選択的透過性（せい）**をもつ。

外膜
内膜
マトリックス

■ミトコンドリア

❷ ミトコンドリア　呼吸の場となり，細胞に必要なエネルギーを生みだす，いわば細胞内の発

電機だ。内外2枚の膜（二重膜）からなり，内膜に囲まれた内部をマトリックスという。独自のDNAをもっている。

③ **葉緑体** 光合成の場となり，デンプンなどの有機物を合成する。二重の膜（二重膜）で囲まれていて，内部には扁平な袋（チラコイド）が重なった構造（グラナ）がみられる。**クロロフィルを含む。植物細胞だけ**にみられる。独自のDNAをもっている。

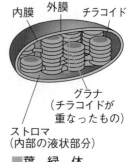

内膜　外膜　チラコイド

グラナ
（チラコイドが
重なったもの）

ストロマ
（内部の液状部分）

■葉緑体

④ **細胞質基質** 細胞小器官の間をうめている部分。呼吸の一部を担い，有機物を分解して，細胞に必要なエネルギーを生む。

⑤ **ゴルジ体**＊ 一重の膜でできた扁平な袋がいくつも積み重なった構造。タンパク質に糖の鎖（糖鎖）をつけて（このことを修飾というよ），**細胞外へ分泌**する。

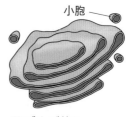

小胞

■ゴルジ体＊

⑥ **中心体**＊ 膜ではない円筒状の構造2個からなる。細胞分裂時の**紡錘体の形成**や，べん毛の形成にはたらく。動物細胞と，藻類やシダ植物などの精子（べん毛をもつからね）をつくる植物でみられる。

■中心体＊

⑦ **リボソーム**＊ **タンパク質合成の場**となる。真核細胞や原核細胞の細胞質に存在し，また，ミトコンドリアや葉緑体の中にも独自のリボソームが存在する。rRNAとタンパク質からなるダルマ形をした粒子で，電子顕微鏡でなければ見ることができない。

rRNA

タンパク質

■リボソーム

⑧ **小胞体**＊ 一重の膜からなる袋状または管状の構造で，細胞質基質に広がるように存在する。また，小胞体の一部は核膜の外側の膜とつながって

いる。小胞体には表面にリボソームが結合している**粗面小胞体**と，結合していない**滑面小胞体**がある。

> ┌ **粗面小胞体**…リボソームで合成したタンパク質を取り込み，輸送しながら
> │　　　　　　　修飾する。
> └ **滑面小胞体**…脂肪の合成（脂肪細胞），解毒（肝細胞），カルシウムイオン
> 　　　　　　　の濃度調節（筋細胞の筋小胞体）

❾　リソソーム*　一重の膜でできた小胞で，ゴルジ体からつくられる。リソソームにはさまざまな分解酵素が含まれており，古くなった細胞小器官や細胞の外から取り込んだ異物を**消化・分解**する。

《後 形 質》

❶　液　　胞　一重の膜でできた袋状の構造で内部に細胞液を蓄えている。細胞内の不要物をためこんだりするゴミ箱的な役割がある。植物細胞では，**成長した細胞ほど発達している。**

> モミジの紅葉やシソの葉の赤紫色の葉は**アントシアン**という色素が，液胞にたまっているからなんだ。発達した液胞は，主に植物細胞でみられるよ。

❷　細 胞 壁　植物細胞の細胞膜の外側にあり，細胞の保護や形の保持にはたらくのが細胞壁だ。主成分は**セルロース**という炭水化物で，そこに**リグニン**が沈着することで**木化**（固く丈夫になること）する。細胞の成長とともに，さまざまな物質が沈着して厚くなっていく場合があるよ。

液胞や細胞壁など後形質は原形質のはたらきによってつくられる部分で，原形質でつくられた老廃物などをため込みながらどんどん成長していく。そのため，**若い細胞よりも成長した細胞でより発達している**んだ。

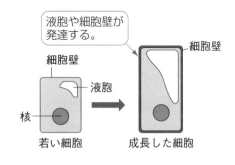

液胞や細胞壁が発達する。

オオカナダモの葉やムラサキツユクサのおしべの毛の細胞では，細胞質基質が流動するように動く。これを細胞質流動（**原形質流動**）というよ。また，白血球やアメーバなどの動物細胞では，細胞質が流れるように動いて細胞の外形が変化する。これを**アメーバ運動**というよ。

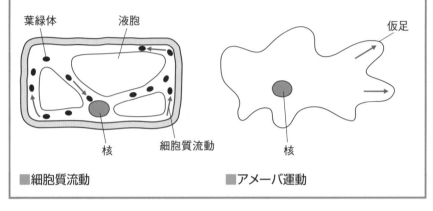

■細胞質流動　　　　　　　　　　　■アメーバ運動

《POINT②》 細胞と細胞小器官

◎二重膜構造をもつもの ➡ 核，ミトコンドリア，葉緑体

◎植物細胞のみに存在するもの ➡ 葉緑体，細胞壁

◎後形質 ➡ 液胞，細胞壁

◎おもに動物細胞に存在するもの ➡ 中心体（ただし，藻類やコケ植物・シダ植物などの精子をつくる細胞ではみられる）

◎光学顕微鏡では観察できないもの ➡ 小胞体，リボソーム

問題 **1** **細胞小器官のはたらき ★★★**

問1 核や染色体に関する記述として最も適当なものを，次の①〜③から一つ選びなさい。

① アメーバを，核を含む部分と含まない部分に切り分けて培養すると，それぞれが餌を食べて成長し，増殖する。

② 動物や植物の細胞の核の内部には，DNAとタンパク質からなる染色体があり，染色体のまわりは細胞液で満たされている。

③ 動物や植物の細胞の核の内部には，染色体のほかに１個〜数個の核小体がある。

問2 ミトコンドリアに関する記述として最も適当なものを，次の①〜③から一つ選びなさい。

① 一枚の膜からなり，光学顕微鏡では内部構造を観察することはできない。

② 細胞活動のためのエネルギーを取り出す細胞小器官で，筋肉などの活動の盛んな細胞で発達している。

③ 肝臓の細胞に多く存在し，水分の調節に関係する。

問3 次の文章は植物と動物の細胞を比較したものである。下線部①〜④から誤っているものを一つ選びなさい。

①植物には葉緑体をもつ細胞があるが，動物にはない。また，②動物細胞には細胞壁がなく，③植物細胞にはミトコンドリアがない。しかし，④どちらの細胞核にも二重膜からなる核膜がある。

〈センター試験・改〉

======= **☑解説** =======

問1 ① アメーバを切り分けると，核を含まない部分は餌を食べることはなく，増殖することもない。核は，アメーバが生きていくために必要な構造なんだ。

② 核の内部の染色体のまわりは細胞液ではなく，「**核液**で満たされている」が正しい。ちなみに，**細胞液**は液胞の中にあるよ。

③　核の中には，染色体のほかに1個～数個の核小体がある。よって正しい。

問2　①　**ミトコンドリアは二重膜からなるので**誤り。ちなみに，内側の膜は，
ひだ状の構造をつくっているけど，このような内部構造は光学顕微鏡で観
察することはできない。

②　**ミトコンドリアは有機物からエネルギーを取り出す**細胞小器官なので，
正しい。

③　ミトコンドリアは水分の調節には関係してないよ。よって**誤り**。

問3　植物細胞には，葉緑体や細胞壁がみられるが，動物細胞ではみられない
ので，①と②は正しい。ミトコンドリアと，二重膜からなる核膜は，植物と
動物の両方でみられる構造だ。したがって，④は正しく，③が誤り。

《《《☑ 解答 》》》

問1　③　　　問2　②　　　問3　③

2　原核細胞 〉★★★

世の中には，ここまでみてきたような動物細胞や植物細胞とはまったく異な
る細胞が存在する。それは，**核膜に包まれた核をもたず，ミトコンドリアやゴ
ルジ体のような細胞小器官をもたない単純な細胞**で，このような細胞を原核細
胞というんだ。原核細胞ではDNAとリボソームが細胞質基質の中に存在する
よ。

これに対して，動物細胞や植物細胞のように染色体が核膜に囲まれていて，
ミトコンドリアなどの細胞小器官がみられるものを真核細胞(しんかく)という。また，体
が原核細胞からなる生物を原核生物といい，真核細胞からなる生物を真核生物
というよ。

身近な原核生物には，**大腸菌やシアノバクテリア**がある。大腸菌は呼吸を行
い，シアノバクテリアは光合成を行うけど，ともにミトコンドリアや葉緑体を
もっていないことに注意しよう。

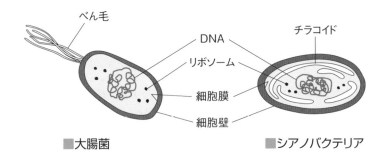

■大腸菌　　　　　　　　　　　　　■シアノバクテリア

((POINT 3)) 原核細胞と真核細胞

原核細胞 ➡ 核膜に包まれた核をもたない。
真核細胞 ➡ 核膜に包まれた核をもつ。

原核生物 ➡ 古細菌，細菌　　例大腸菌，シアノバクテリア
真核生物 ➡ 古細菌，細菌以外の生物　　例動物，植物など

((POINT 4)) 細胞の種類と細胞構造体

構造体		核膜に包まれた核	ミトコンドリア	葉緑体	細胞壁	中心体
真核細胞	動物細胞	○	○	×	×	○
	植物細胞	○	○	○	○	×②
原核細胞		×	×	×	○①	×

○：みられる，×：みられない

① 原核細胞の細胞壁の成分は，植物細胞のようなセルロースではない。
② 藻類や，植物でもコケ・シダ植物などの精子をつくる細胞では中心体がみられる。

3 ミトコンドリアと葉緑体の起源 ＞★★★

真核細胞は核膜で囲まれた核をもち，ミトコンドリアや葉緑体などの細胞小器官をもつことはすでに述べた。

ミトコンドリアや葉緑体などの複雑な器官は
どのようにしてできたのかな？

　その答えについて，マーグリスは「**ミトコンドリアは呼吸を行う細菌が，葉緑体は光合成を行うシアノバクテリアが，別の細胞の内部に住み着いてできた**」とする**細胞内共生説**（共生説）を唱えた。つまり，ミトコンドリアと葉緑体は，もともと独立した細胞だったというんだ。

　その証拠として，ミトコンドリアも葉緑体もともに，**独自のDNA**をもち，細胞分裂とは別に**分裂して増殖する**ということがあげられるんだ。

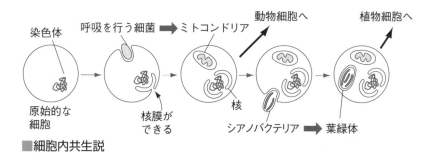

■細胞内共生説

《 POINT❺ 》 細胞内共生説

　◎細胞内共生説 ➡ 真核細胞の細胞小器官は，原核細胞が細胞内に共生してできたとする説

　[根拠] ●ミトコンドリアと葉緑体は独自の**DNA**をもつ。
　　　　 ●ミトコンドリアと葉緑体は分裂によって増える。

4 いろいろな細胞とその大きさ 〉★★☆

　世の中には，じつにさまざまな細胞がある。顕微鏡を使わなくても見ることができる細胞もあるんだ。身近な例では，ニワトリの卵の黄身は1つの細胞だし，ミカンの房の中につまっているツブツブの一つひとつが細胞だ。次に代表

的な細胞の大きさをまとめておくよ。

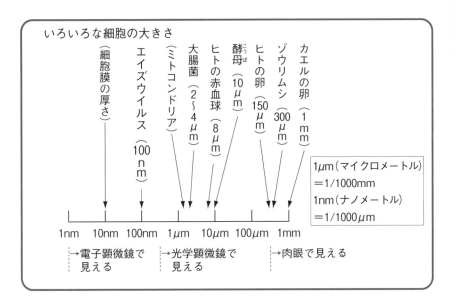

いろいろな細胞の大きさ

（細胞膜の厚さ）
エイズウイルス（100nm）
（ミトコンドリア）
大腸菌（2～4μm）
ヒトの赤血球（8μm）
酵母（10μm）
ヒトの卵（150μm）
ゾウリムシ（300μm）
カエルの卵（1mm）

1μm（マイクロメートル）
＝1/1000mm
1nm（ナノメートル）
＝1/1000μm

1nm　10nm　100nm　1μm　10μm　100μm　1mm

→電子顕微鏡で　　　→光学顕微鏡で　　　→肉眼で見える
　見える　　　　　　　見える

大腸菌などの原核細胞は，真核細胞に
比べて，とても小さいんだ。

問題 2　いろいろな細胞 ★★★

問1　次のア～ウの細胞がもつ構造について，(1)，(2)に答えなさい。
　ア　筋細胞　　　イ　大腸菌　　　ウ　動物の精子
(1)　ア～ウのどの細胞ももっているものはどれか。下の①～⑤か
　　ら一つ選びなさい。
(2)　ア～ウのどの細胞ももっていないものはどれか。下の①～⑤
　　から一つ選びなさい。

　①　核　　　　②　ミトコンドリア　　　③　葉緑体
　④　細胞壁　　⑤　細胞膜

問2　細胞や構造体の大小関係として誤っているものを，次の①～
⑤から一つ選びなさい。

	小さい	大きい
①	ウイルス	大腸菌
②	大腸菌	酵母菌
③	ヒトの座骨神経の長さ	ニワトリの卵の直径
④	動物細胞の中心体	植物細胞の核
⑤	ミトコンドリア	葉緑体

〈センター試験・改〉

━━━━━《▼解説》━━━━━

問1　それぞれの細胞がもっている構造をまとめると次のようになるよ。

● 筋細胞 ➡ 核，ミトコンドリア，細胞膜

● 大腸菌 ➡ 細胞壁，細胞膜

● 精 子 ➡ 核，ミトコンドリア，細胞膜

大腸菌は**原核生物**だから，核やミトコンドリアはもっていないんだよ。

(1)　細胞であるかぎり，どんな細胞も細胞膜をもっているよ。

(2)　ア～ウは植物細胞ではないので，葉緑体はもっていない。

問2　①　**ウイルスは細胞ではない**，細菌よりも小さな構造体だ。詳しくは
発展「ウイルスは生物の特徴の一部だけをもつ」（▶ P.23）で。よって**正しい**。

②　**大腸菌は原核生物**だけど，**酵母菌は単細胞の真核生物**だ（酵母菌は菌と
いう名前がついているけど，細菌ではなく，カビのなかまで，酵母とよば
れることも多いよ）。**真核細胞は原核細胞よりも大きい**ので，**正しい**。

③　ヒトの座骨神経は，腰のあたりからふくらはぎまで伸びている神経で，
約1mもあるんだ。これに対して，ニワトリの卵（黄身の部分だよ）は
直径3cmほどだよね。したがって，**誤り**。

④　中心体と核では，核のほうが大きいので，**正しい**。

⑤　ミトコンドリアよりも葉緑体のほうが大きいので，**正しい**。

━━━━━《▼解答》━━━━━

問1　(1)　⑤　　　(2)　③

問2　③

細胞の観察

1 植物細胞の観察 ＞ ★☆☆

　では，実際に細胞を観察するときの手順を説明しよう。ここでは，タマネギの根端分裂組織の標本（プレパラート）のつくり方をみてみよう。

---

❶ **固　　定** ➡ 根の先端を数 mm ほど切り取って，**酢酸あるいはカルノア液**＊に10分浸す。

　　これによって，**細胞をすばやく殺し，生きているときに近い状態で固める**ことができる。細胞は死ぬとしだいに自己分解するんだけど，固定することによってそれを防ぐことができるんだ。

　　＊カルノア液は，エタノール：クロロホルム：酢酸＝6：3：1で混合した固定液。

❷ **解　　離** ➡ 60℃の3％塩酸中に3分間ほど浸す。

　　細胞どうしを接着しているペクチンという "のり" を溶かして，ばらばらにする。

❸ **染　　色** ➡ 解離した組織をスライドガラスにのせ，**酢酸カーミン**または酢酸オルセインを滴下する。

　　核や染色体を赤く染めて観察しやすくする。本来，核や染色体は無色なので，観察しやすくするために着色するんだ。

❹ **押しつぶし** ➡ 試料にカバーガラスをかけて，上から親指で押しつぶす。

　　❷の解離によって，細胞どうしはばらばらになってはいるんだけど，それだけでは細胞どうしがまだ折り重なっているので，押しつぶすことで**細胞を1層に広げ，個々の細胞を観察しやすくする**んだ。

《POINT ❻》 植物細胞の観察

❶ 固　　定 ➡ 酢酸（またはカルノア液）に浸す。細胞の活動を止める。

❷ 解　　離 ➡ 60℃塩酸に浸す。細胞どうしをばらばらにする。

❸ 染　　色 ➡ 酢酸カーミン（または酢酸オルセイン）を滴下する。核や染色体を着色する。

❹ 押しつぶし ➡ カバーガラスの上から押しつぶす。細胞を1層に広げる。

▲固定と押しつぶし!?

2 細胞小器官をより詳しく観察する方法 ＞★☆☆ 発展

① いろいろな染色液

　細胞内の構造はたいてい無色なので，そのまま観察してもはっきりと見ることができない。そんなときは，目的に応じた染色液を使うことで，特定の構造をよりよく観察できるんだ。

> **染色液と染色する構造**
> ● 酢酸カーミン（酢酸オルセイン）➡ **核**や**染色体**を赤く染める。
> ● ヤヌスグリーン ➡ **ミトコンドリア**を青緑色に染める。
> ● メチルグリーン・ピロニン液 ➡ メチルグリーンは **DNA** を含む部分（核など）を青緑色に，ピロニン液は **RNA** を含む部分（リボソームなど）を赤色に染める。
> ● ヨウ素ヨウ化カリウム（ヨウ素液）➡ **デンプン粒**を青紫色に染める。

酢酸カーミン（または酢酸オルセイン）には，固定のはたらきもあるよ。

② 細胞分画法

　核やミトコンドリアなどの細胞小器官をもっと詳しく調べるには，「細胞を壊して中から取り出してしまえばいい」という発想にいきつく。それをやってしまおうというのが細胞分画法だ。

　ホモジェナイザーは細胞を壊すのに使われる，いわば精密な "ゴマすり器" で，細胞をすりつぶすよ。

> ❶ 細胞とスクロース溶液をホモジェナイザーのガラス管に入れてすりつぶす。
>
> 〔注意点〕
> ● 低温で（氷で冷やしながら）行う。➡ 細胞を壊したときに出てくる分解酵素のはたらきを抑えて，試料の変性を防ぐためだ。

●**等張**（濃度が等しい）のスクロース溶液を加える。➡ ミトコンドリアや葉緑体などの膜構造が吸水してふくらんで**破裂**するのを防ぐためだ。

❷ 細胞をすりつぶした液を段階的に**遠心分離機**にかけて，細胞小器官を分け取る。

はじめは弱い遠心力で沈殿と**上澄み**に分け，上澄みを別の試験管に取って，より長時間・強い遠心力で，さらに上澄みと沈殿に分ける，という操作をくり返す。

〔原　理〕
●沈殿する順序は，**大きさと密度**の違いによって決まる。**大きくて密度の高い構造ほど弱い遠心力でも沈殿する。**

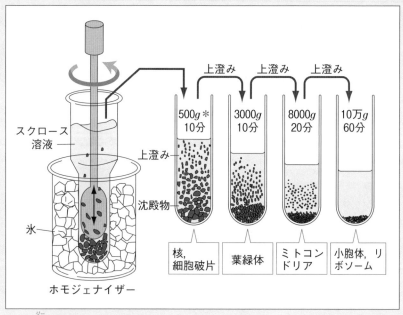

スクロース溶液
上澄み
沈殿物
氷
ホモジェナイザー

500g* 10分	3000g 10分	8000g 20分	10万g 60分
上澄み	上澄み	上澄み	
核, 細胞破片	葉緑体	ミトコンドリア	小胞体, リボソーム

＊：gは重力の大きさを基準にした遠心力の強さを表す。たとえば500gなら，重力の500倍の強さを意味するよ。

《 POINT ❼ 》 細胞分画法で沈殿する細胞小器官の順序

核 > 葉緑体(植物) > ミトコンドリア > 小胞体，リボソーム

| 500g, 10分 | 3000g, 10分 | | 8000g, 20分 | 10万g, 60分 |

問題 ❸　細胞の観察 ★★☆

植物を用いて体細胞分裂を観察するためには，ふつう次のような処理がなされる。それぞれの処理はどのような目的で行われるか。 ア ～ ウ に入れるのに最も適当な語句を，下の①～⑥から一つずつ選びなさい。

〔処　理〕

● 60℃の希塩酸で ア 。

● 酢酸（またはカルノア液）で イ 。

● 酢酸オルセイン（または酢酸カーミン）で ウ 。

● カバーガラスの上から親指で押しつぶし，細胞どうしの重なりをなくす。

① 洗浄する　② 脱水する

③ 細胞どうしの結合をゆるめる

④ 染色する　⑤ 封入する　⑥ 固定する

〈オリジナル〉

✓ 解 説

希塩酸は**解離**，つまり植物の細胞どうしの結合をゆるめるため。酢酸やカルノア液は固定するため。酢酸オルセインまたは酢酸カーミンは染色するためだったよね。なお，これらの処理は，行う順に並んでいないよ。

✓ 解 答

ア―③　　イ―⑥　　ウ―④

細胞の多様化

1 単細胞生物から多細胞生物へ 〉★★★

① 単細胞生物

からだが，たった1個の細胞からなる生物を**単細胞生物**という。単細胞生物には，**大腸菌**やシアノバクテリアなどの**細菌**や**古細菌**などの**原核生物**（▶P.34）とゾウリムシやクラミドモナスなどの**真核生物**がある。

単細胞生物 {

原核生物 ➡ **大腸菌**，**シアノバクテリア**などの**細菌**や**古細菌**

真核生物 ➡ **ゾウリムシ**，**アメーバ**，**クラミドモナス**など
細胞小器官
が発達

単細胞生物は，エサを食べたり，運動をしたり，生殖をしたり，といったことを1個の細胞で行わなければならないので，**多くの細胞に共通してみられる細胞小器官のほかに，特別な細胞小器官が発達している**ことがある。

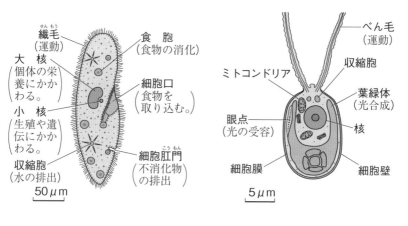

繊毛
（運動）
食胞
（食物の消化）
大核
個体の栄養にかかわる。
細胞口
（食物を取り込む。）
小核
生殖や遺伝にかかわる。
収縮胞
（水の排出）
細胞肛門
不消化物の排出
50μm

べん毛
（運動）
ミトコンドリア
収縮胞
葉緑体
（光合成）
眼点
（光の受容）
核
細胞膜
細胞壁
5μm

■ゾウリムシ　　　　　　■クラミドモナス

《POINT 8》 単細胞生物の細胞小器官

◎べん毛・繊毛 ➡ 運動　　◎収縮胞 ➡ 水の排出

◎食胞 ➡ 食物の消化　　◎眼点 ➡ 光の受容

問題 4　**単細胞生物の細胞小器官**　★☆☆

　ゾウリムシなどでは，運動・消化・生殖などのはたらきをする各種の細胞小器官が発達しており，細胞構造が複雑になっている。

　ゾウリムシの細胞小器官とその機能の組合せとして最も適当なものを，次の①〜⑥から一つ選びなさい。

細胞小器官　　機能
① 食　胞　　運　動
② 食　胞　　生　殖
③ 収縮胞　　生　殖
④ 収縮胞　　消　化
⑤ 繊　毛　　消　化
⑥ 繊　毛　　運　動

〈センター試験・改〉

《✓解説》

各細胞小器官の正しい機能は次のとおりだ。
食胞－消化，収縮胞－水の排出，繊毛－運動

《✓解答》

⑥

② 細胞群体

クラミドモナスは緑藻（りょくそう）の一種で，2本のべん毛を使って水中を泳ぐ単細胞生物だ。

ヨツメモはクラミドモナスに似た緑藻の一種だけれど，単独では生活せず，細胞が4個ずつ寒天質（かんてんしつ）に包まれていて，それらがさらに集合して肉眼でも見えるくらいの大きさの構造をつくる。おもしろいことに，4個の細胞をバラバラにすると，ふたたび細胞分裂して寒天質に包まれた4個の細胞になるんだ。

ユードリナは，30個以上の細胞が集合して寒天質に包まれた状態で生活する。

ボルボックスは，さらに多くの細胞がまとまって共同生活をしている。細胞はどれも同じ形というわけではなく，べん毛をもち運動をするもの，生殖を行うものなど，細胞の間に"分業"がみられるようになる。

このように，いくつもの同種の細胞が，ゆるく集合してあたかも個体のように見えるまとまりを**細胞群体**（さいぼうぐんたい）というよ。

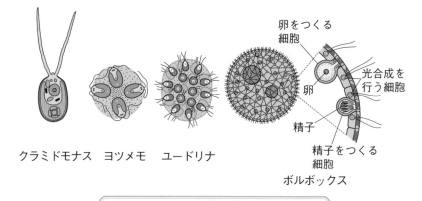

卵をつくる細胞
光合成を行う細胞
卵
精子
精子をつくる細胞

クラミドモナス　ヨツメモ　ユードリナ

ボルボックス

クラミドモナスやボルボックスなどは，
すべて違う種類の緑藻（りょくそう）だ。
クラミドモナスが成長してボルボックス
になるわけじゃないよ。

次に学ぶ多細胞生物は，単細胞生物が細胞群体のような形態（けいたい）を経て進化してきたとする考え方があるんだ。

単細胞生物　➡　細胞群体　➡　多細胞生物

③ 細胞の分化

　たくさんの細胞が集合して生命活動を行う生物では，細胞の"分業"が進み，細胞がそれぞれ特定の形とはたらきをもっている。これを細胞の分化というよ。

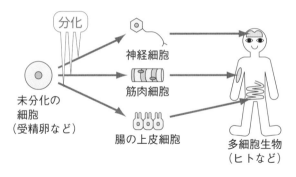

分化

未分化の
細胞
（受精卵など）

神経細胞

筋肉細胞

腸の上皮細胞

多細胞生物
（ヒトなど）

《POINT 9》 細胞の分化

◎分化 ➡ 細胞が特定の形態と機能をもつこと

2　多細胞生物 ＞ ★★☆

　たくさんの細胞が集まって体ができている生物を多細胞生物という。多細胞生物では，細胞が分化することで効率よく生命活動を行うことができるんだ。

多細胞生物では，同じような細胞が集まって組織をつくり，いろいろな組織が組み合わさって器官をつくっている。そして，いくつもの器官が集まって個体を形づくっているんだ。

① 植　物

植物では，関連し合う組織は**組織系**としてまとめられる。

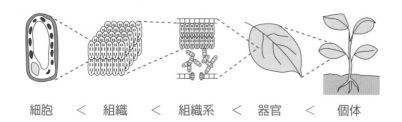

細胞　　<　　組織　　<　　組織系　　<　　器官　　<　　個体

② 動　物

動物では，はたらきのよく似た器官は**器官系**としてまとめられる。

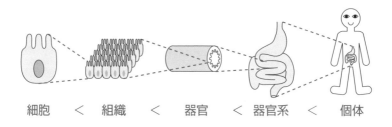

細胞　　<　　組織　　<　　器官　　<　器官系　<　　個体

《POINT⑩》組織・器官

> ◎細胞＜組織＜（組織系）＜器官＜（器官系）＜個体
> 　　　　　　植物のみ　　　　　　動物のみ

発展 細胞性粘菌

　ちょっと特殊な例ではあるんだけど，**タマホコリカビ**などの細胞性粘菌は，一生の間に**単細胞生物**として生活する時期と，**多細胞生物**として生活する時期がみられるんだ。

　アメーバ状の単細胞のときは，土壌の細菌などを食べて分裂して増殖するんだけど，栄養が少なくなると，細胞が集合してナメクジのような多細胞（移動体）となる。移動体はやがて柄を伸ばし，その先端で胞子をつくるようになり（子実体），胞子からは再びアメーバ状の単細胞が生じるんだ。

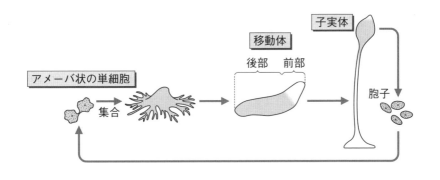

チェックしよう！

☐ **❶** 通常，細胞に1個存在し，中に遺伝情報をおさめていて，細胞の生命活動を支配している細胞小器官は何か。

☐ **❷** 呼吸に関係する酵素を含み，有機物からエネルギーを取り出す細胞小器官は何か。

☐ **❸** 光合成を行い，有機物を合成する細胞小器官は何か。

☐ **❹** 細胞の分泌にかかわる細胞小器官は何か。

☐ **❺** 細胞分裂やべん毛の形成に関係する細胞内構造は何か。

☐ **❻** 生きたオオカナダモの葉を観察すると，細胞内の葉緑体などが一定の方向に流れるように動くのがわかる。これを何というか。

☐ **❼** 核膜に囲まれた核をもたず，染色体が細胞質中に存在する細胞を何というか。

☐ **❽** ❼以外の細胞を何というか。

☐ **❾** 細胞を観察するときに，核や染色体を赤く染めるために用いる一般的な染色液を答えよ。

☐ **❿** かつては独立した原核生物が，別の細胞に取り込まれて細胞小器官となったとする説を何というか。

☐ **⓫** ❿で，光合成を行うシアノバクテリアが，細胞内に共生してできたとする細胞小器官は何か。

☐ **⓬** ❿で，呼吸を行う細菌が，細胞内に共生してできたとする細胞小器官は何か。

解答

❶核 **❷**ミトコンドリア **❸**葉緑体 **❹**ゴルジ体 **❺**中心体 **❻**細胞質流動（原形質流動） **❼**原核細胞 **❽**真核細胞 **❾**酢酸カーミン（酢酸オルセイン） **❿**細胞内共生説（共生説） **⓫**葉緑体 **⓬**ミトコンドリア

第3章 細胞とエネルギー

▲ただ今，光合成中……？

STORY 1 生命活動とエネルギー

　生物が生きるためには必ず**エネルギー**を必要とする。たとえば，私たちが運動をするためには筋肉がエネルギーを消費する。また，体温を維持するのにもエネルギーが必要だ。これらのエネルギーは，もともと私たちが食べるもの，すなわち**物質**（炭水化物，タンパク質，脂質）に由来するんだ。ここでは，エネルギーについて学んでいこう。

 ちょっと待ってください。
そもそも，エネルギーが何なのかわかりません。＞＜

　エネルギーは細胞が力を出したり，物質を輸送したり，物質を合成したりするのに必要なものだ。物質との対比で考えてみよう。
　物質には重さ（質量）があるけど，エネルギーには重さはない。また，物質を構成する元素（炭素とか窒素とか）は変化しないけど，エネルギーには光エネルギー，化学エネルギー，熱エネルギーなどさまざまな形があり，相互に形を変えることが可能だ。
　私たちがゴハンを食べるのは，食物の中にある物質がもつ化学エネルギーを

取り込むことが一つの目的だ。そして，それらの物質がもつ化学エネルギーは，もとをたどると植物が行う光合成によって，太陽の光エネルギーが形を変えたものと考えることができるんだ。

《POINT⑪》 エネルギーとは

◎化学エネルギー ➡ 炭水化物・タンパク質・脂質などの物質の元素どうしの結合に蓄えられている。

◎熱エネルギー ➡ 私たちの体温など

◎光エネルギー ➡ 太陽の光，ホタルなどの発光生物が放出する光

STORY2 代謝とATP

1 代　謝 ＞★★★

生体内で起こる化学反応のことを代謝（たいしゃ）という。代謝は，大きく同化（どうか）と異化（いか）に分けられる。

同化とは，体の外から取り入れた簡単な物質をもとに，**有機物を合成すること**で，光合成（こうごうせい）がその代表例だ。

一方，異化とは，**同化によってつくられた有機物を分解すること**で，呼吸（こきゅう）がその代表例だ。

代謝には，エネルギーの出入りがともなう。**同化はエネルギーを必要とする反応**で，逆に，**異化はエネルギーが出てくる反応**だ。異化によって放出されるエネルギーは，生物が生きていくうえで必要な活動に使われるんだ。

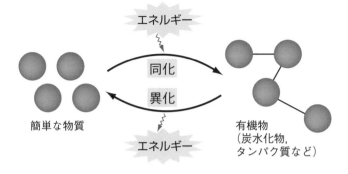

■同化と異化

2　ATP > ★★★

　代謝とともに出入りするエネルギーの受け渡しは，A T P（アデノシン三リン酸）という物質によって仲介される。たとえば，異化で生じたエネルギーは，いったん ATP に蓄えられたあとで，エネルギーを必要とする生命活動に使われる。例えるなら，**ATP は充電式の電池のようなはたらきをしている**んだ。

　　ATP はどのようにしてエネルギーを蓄えるのですか？

　ATP の分子を次のページに示そう。糖にアデニンという塩基が結合した構造（アデノシンという）に，リン酸が 3 個くっついているので，アデノシン三リン酸という。

　エネルギーは，リン酸とリン酸をつなぐ結合（高エネルギーリン酸結合という）に蓄えられていて，この**結合が加水分解されるときにエネルギーが放出される**。すなわち，ATP が ADP（アデノシン二リン酸）とリン酸に分解するときに，エネルギーを生じるんだ。

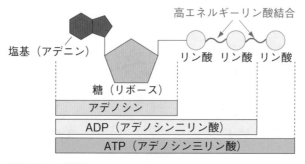

高エネルギーリン酸結合

塩基（アデニン）

糖（リボース）

リン酸　リン酸　リン酸

アデノシン

ADP（アデノシン二リン酸）

ATP（アデノシン三リン酸）

■ATP の構造

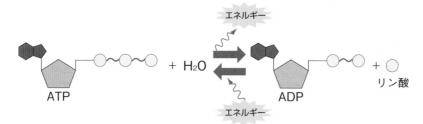

エネルギー

+ H₂O

エネルギー

ATP

ADP

+ リン酸

■ATP がエネルギーを放出・吸収するしくみ

逆に，ADP とリン酸は，異化で生じるエネルギーを受け取って結合をつくり，ATP にもどるんだ。

充電式電池でいうと，ATP がフル充電された状態で，ADP はエネルギーを消費した状態ということになるね。

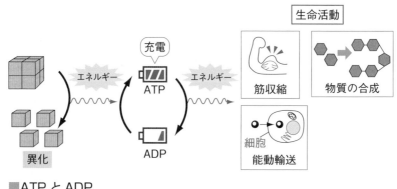

生命活動

充電

エネルギー

エネルギー

筋収縮

物質の合成

ATP

異化

ADP

細胞

能動輸送

■ATP と ADP

▲ ADP だとテンションが下がる？

((POINT ⑫)) 代謝とATP

◎同化 ➡ 合成反応（エネルギーを必要とする）

◎異化 ➡ 分解反応（エネルギーを放出する）

◎ATP ➡ エネルギーの出入りを仲介する物質

$$ATP + H_2O \longrightarrow ADP + リン酸$$

の反応でエネルギーを放出する。

COLUMN コラム

ATPとうまみ成分の関係

　ATPからリン酸が2個とれたものを，AMP（アデノシン一リン酸）という。AMPから，さらにアミノ基がとれるとイノシン酸（IMP）という物質になる。イノシン酸は，肉やカツオだしのうまみ成分だ。

ATPについて，次の問いに答えなさい。

問1 ATPの正式名称を何というか。
問2 ATPが加水分解して生じる物質を二つあげなさい。
問3 エネルギーはATPのどこに蓄えられるか。その結合の名称を答えなさい。 〈オリジナル〉

✓解答

問1 アデノシン三リン酸 問2 ADP，リン酸
問3 高エネルギーリン酸結合

STORY 3 酵 素

　生物の体の中では，さまざまな化学反応が起こっている。これを手助けするのが酵素だ。

1 触媒とは 〉★★☆

　化学反応の前後でそれ自体は変化せず，活性化エネルギーを低下させることで，反応を速める物質を触媒というんだ。いわば，化学反応のお助けマンだね。
　たとえば，過酸化水素（H_2O_2）を水（H_2O）と酸素（O_2）に分解するためには，過酸化水素水の入った試験管をガスバーナーで加熱すればいいんだけど，かわりに**酸化マンガン（Ⅳ）**（二酸化マンガン，黒い石のような金属酸化物）という触媒を過酸化水素水に加えれば，加熱しなくても常温で化学反応を進めることができる。

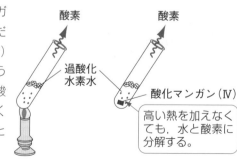

酸素　　　　　酸素

過酸化
水素水

酸化マンガン（Ⅳ）

高い熱を加えなくても，水と酸素に分解する。

$$酸化マンガン(\text{IV}) \quad \fbox{触媒}$$

$$\text{過酸化水素} \xrightarrow{\qquad} \text{水} + \text{酸素}$$
$$2H_2O_2 \qquad\qquad 2H_2O \quad O_2$$

2 酵 素 ★★★

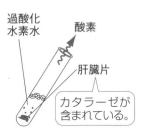

過酸化水素水

酸素

肝臓片

カタラーゼが含まれている。

上と同様の反応は，**酸化マンガン（Ⅳ）**のかわりに，**肝臓片**や**ダイコン**などを加えても起こる。これは，肝臓片やダイコンの細胞に含まれている**カタラーゼ**という物質が触媒としてはたらいたためで，カタラーゼのように生体内でつくられる触媒のことを**酵素**というんだ。

酵素は触媒なので反応の前後で変化することはなく，くり返し反応を進める。酵素がはたらきかける相手（ここでは過酸化水素）となる物質を**基質**という。酵素は特定の基質にだけに作用する。つまり，ある酵素が触媒するのは特定の反応だけなんだ。このような，酵素のかたくなな性質を**基質特異性**というよ。

カタラーゼ 〈 酵素

過酸化水素 ⟶ 水 + 酸素

基質

生体内にはカタラーゼ以外にもたくさんの種類の酵素が存在し，生体内で起こる化学反応のほとんどすべてに関係している。生物の体温が，ガスバーナーで熱するほど高くないのに，体内の化学反応がちゃんと進行するのは酵素のおかげなんだ。

《POINT ⑬》 酵 素

◎**酵 素** ➡ 生体内の触媒。反応の前後で変化せず，同じ反応をくり返し触媒する。

◎**基 質** ➡ 酵素がはたらきかける物質

◎**基質特異性** ➡ 酵素が特定の基質だけに作用する性質

代謝は，ふつういくつかの連続した反応からなり，それぞれの反応を異なる酵素が触媒している。それはあたかもバケツリレーのようだ。

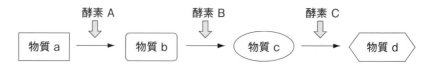

3 酵素の性質 ＞★★★

カタラーゼなどの酵素が，酸化マンガン（Ⅳ）などの無機触媒と決定的に違う点は，**酵素はタンパク質でできている**ということだ。タンパク質はとてもデリケートな物質なので，高温や強い酸などの条件下ではその構造が変化（これをタンパク質の<ruby>変性<rt>へんせい</rt></ruby>という）し，酵素がはたらきを失ってしまう（これを酵素の<ruby>失活<rt>しっかつ</rt></ruby>という）ことがある。そのため，酵素には，最もはたらきやすい最適温度や最適pH（pH＝酸性やアルカリ性の強さを示す度合い）があるんだ。

ちなみに，**ヒトの酵素は，体温程度（37℃付近）が最適温度**で，4℃ぐらいの低温になるとほとんどはたらくことができず，60℃ぐらいの高温になるとはたらきを失ってしまうよ。

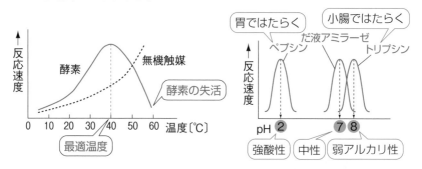

4 酵素と生命活動 ＞★★★

① 酵素がはたらく場所

たいていの酵素は決まった場所に存在していて，その場所で起こる化学反応を触媒している。例えば，ミトコンドリアには呼吸に関係する酵素が存在し，葉緑体には光合成に関する酵素が存在する。また，消化酵素のように細胞の外（消化管内）ではたらく酵素などもあるんだ。

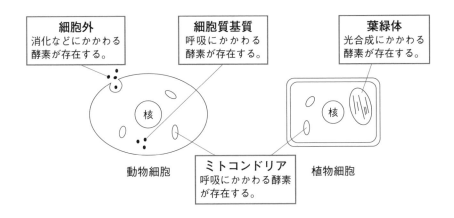

細胞外	細胞質基質	葉緑体
消化などにかかわる酵素が存在する。	呼吸にかかわる酵素が存在する。	光合成にかかわる酵素が存在する。

動物細胞

ミトコンドリア
呼吸にかかわる酵素が存在する。

植物細胞

② 細胞外ではたらく酵素 ―消化酵素―

細胞外ではたらく酵素の例として，食べ物の消化に関係する消化酵素をみてみよう。

❶ デンプンの消化

ごはんやパンに含まれる**デンプン**は，だ液やすい液に含まれる**アミラーゼ**という酵素によって**マルトース**に分解される。マルトースは，小腸で**マルターゼ**という酵素のはたらきによって**グルコース**に分解され，小腸の壁から吸収される。

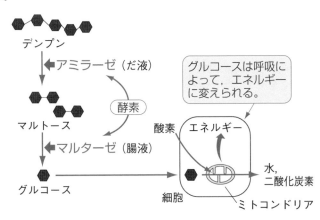

デンプン

アミラーゼ（だ液）

酵素

マルトース

マルターゼ（腸液）

グルコース

酸素

グルコースは呼吸によって，エネルギーに変えられる。

エネルギー

水，二酸化炭素

細胞

ミトコンドリア

吸収されたグルコースは，血液によって全身の細胞に運ばれ，細胞内の呼吸によって消費されるんだ。

② タンパク質の消化

　肉や魚に含まれる**タンパク質**は，まず，胃液に含まれる**ペプシン**によって大まかに分解され，さらに，すい液や腸液に含まれる**トリプシン**や**ペプチダーゼ**などによって**アミノ酸**にまで分解されたあと，小腸から吸収される。そして，血液によって全身の細胞に運ばれて，細胞をつくる材料になったり，呼吸によってエネルギーに変えられたりするんだ。

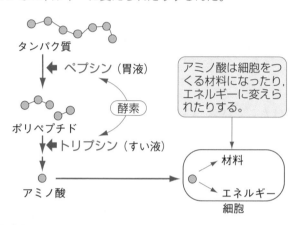

問題 **2**　　**消化と酵素**　★★☆

　デンプンが消化されグルコース（ブドウ糖）になるまでの反応段階を以下に示した。酵素（ア），糖（イ），酵素（ウ）の組合せとして正しいものを，次の①～⑤から一つ選びなさい。

$$\text{デンプン} \xrightarrow{\text{酵素（ア）}} \text{糖（イ）} \xrightarrow{\text{酵素（ウ）}} \text{グルコース}$$

	（ア）	（イ）	（ウ）
①	リパーゼ	マルトース（麦芽糖）	マルターゼ
②	アミラーゼ	スクロース（ショ糖）	リパーゼ
③	マルターゼ	スクロース	アミラーゼ
④	アミラーゼ	マルトース	マルターゼ
⑤	マルターゼ	マルトース	アミラーゼ

〈センター試験・改〉

デンプンは，まず**アミラーゼ**によって**マルトース**に分解され，マルトースは**マルターゼ**によってグルコースにまで分解されるんだったよね。だから，④が正解だ。

ちなみに，**リパーゼ**というのは，すい液に含まれる脂肪分解酵素だよ。

④

STORY 4 　光 合 成

　植物やシアノバクテリアは光エネルギーを利用して，**二酸化炭素と水から有機物を合成する**。このはたらきを**光合成**という。光合成は，二酸化炭素と水のような低分子から高分子である有機物をつくるので，**同化**の一種と考えることができるんだ。

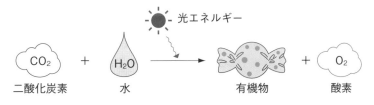

光エネルギー

CO_2 ＋ H_2O → 有機物 ＋ O_2

二酸化炭素　　　水　　　　　　　　有機物　　　酸素

　光合成は細胞の中の葉緑体で行われる（シアノバクテリアでは細胞質中で行われる）。まず，葉緑体では光エネルギーを吸収して**ATP**がつくられ，このATPに蓄えられたエネルギーを利用して，さまざまな酵素のはたらきで**二酸化炭素と水から有機物が合成される**。このとき，副産物として**酸素**ができる。

　エネルギーの観点からみると，光合成は**光エネルギーを有機物がもつ化学エネルギーに変換するはたらき**といえるんだ。

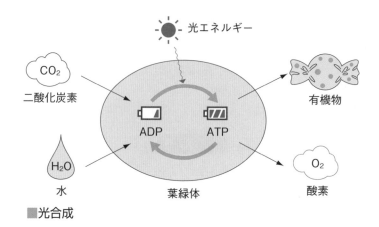

■光合成

　光合成によってできる有機物は多くの場合，一時的に**同化デンプン**として葉緑体の中に蓄えられる。同化デンプンはやがて**スクロース（ショ糖）**に分解されて，師管という管を通って果実や根・茎といった貯蔵器官に送られる。そして，そこで再び**貯蔵デンプン**として蓄えられるんだ。このように物質が植物体の中を運ばれることを転流というよ。

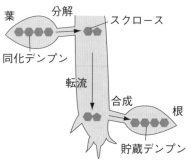

■同化デンプンと貯蔵デンプン

《POINT⑭》 光 合 成

◎光合成 ➡ 二酸化炭素と水から有機物を合成する反応。同化
・光合成は**植物やシアノバクテリア**が行う。
・光合成は植物細胞の**葉緑体**で進行する。

発展　光合成をもっと詳しくみてみよう！

　光合成の反応過程をもう少し詳しくみてみよう。葉緑体の内部には**チラコイド**とよばれる膜構造が見られ，クロロフィルなどの光合成色素が含まれている。チラコイド以外の部分は光合成に必要な酵素などが含まれている液状の部分で，

ストロマとよばれている（▶P. 30）。光合成の反応は大きく**チラコイドでの反応**と**ストロマでの反応**に分けられ，それぞれ次のような過程からなるんだ。

●チラコイドでの反応

①**光エネルギーの吸収**…クロロフィルなどの光合成色素によって光エネルギーが吸収される。この過程は温度の影響を受けない。

②**水の分解**…水は酸素と水素イオン（H^+）および電子に分解される。生じた電子はチラコイドの膜を移動し，最終的に再び H^+ とともに $NADP^+$ という補酵素と結びついて **NADPH** がつくられる。

③**ATPの合成**…②の電子がチラコイドの膜を移動する過程で，電子のもつエネルギーを利用して **ATP** が合成される。

　ここで合成された NADPH と ATP は，次のストロマでの反応に利用される。

●ストロマでの反応

④**二酸化炭素の固定**…二酸化炭素がいくつもの過程を経て有機物（$C_6H_{12}O_6$）になる。このとき必要となる**水素は NADPH から**，また**エネルギーは ATP から**供給される。この過程は**カルビン・ベンソン回路**とよばれ，温度や二酸化炭素濃度の影響を受ける。

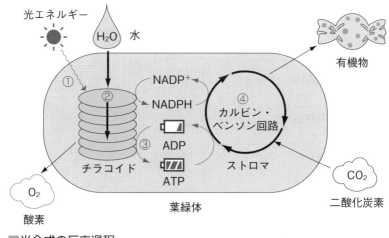

■光合成の反応過程

呼　吸

　動物や植物などミトコンドリアをもつ生物や，大腸菌のように酸素を使って呼吸を行う細菌（好気性細菌）は，有機物を分解して生命活動に必要なエネルギー（＝ATP）を得ている。このはたらきを**呼吸**という。

　呼吸で分解される有機物を**呼吸基質**といい，多くの生物は呼吸基質としてグルコース（ブドウ糖）を用いる。呼吸では，グルコースが酸素を消費しながら分解され，二酸化炭素と水になる。この反応は異化であり，放出されるエネルギーの一部がATPに蓄えられるんだ。

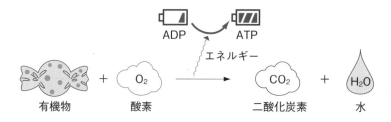

　呼吸にかかわる酵素は，呼吸が行われる**細胞質基質**とミトコンドリアに存在する。呼吸によってつくられた**ATP**は，**筋収縮や物質の輸送，物質の合成，発光**などの生命活動で消費されてADPとなる。ADPは再びミトコンドリアで呼吸によってATPに再生される。つまり，呼吸とは**生命活動の結果生じたADP**（とリン酸）を，**再びエネルギーの高いATPに"再充電"する過程**といえるんだ。

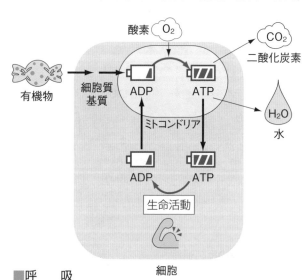

■呼　吸

◎呼　吸 ➡ 有機物と酸素から二酸化炭素と水が生じる反応。
異化

・呼吸は**動物**や**植物**などの真核生物と**大腸菌**のような好
気性細菌が行う。

・呼吸は真核細胞の細胞質基質と**ミトコンドリア**で進行
する。

発 展 呼吸をもっと詳しくみてみよう！

　呼吸は有機物と酸素から，二酸化炭素と水を生じるという点では燃焼と同じ
反応だけど，反応が一気に進むわけではなく，いくつもの反応が徐々に進行し
ていくという点で燃焼とは異なる。そのため，激しい熱や光を生じることはな
く，効率よく有機物がもつ化学エネルギーが ATP に蓄えられるんだ。
　呼吸は大きく解糖系，クエン酸回路，電子伝達系の 3 つの過程からなる。

●解糖系

　グルコース（$C_6H_{12}O_6$）が**ピルビン酸**（$C_3H_4O_3$）に分解される過程。この反
応は細胞質基質で進行し，1 分子のグルコースが分解すると，2 分子のピルビ
ン酸と 2 分子の **ATP** が合成される。また，グルコースから取れた水素をもと
に **NADH** という物質がつくられる。

●クエン酸回路

　解糖系で生じたピルビン酸がミトコンドリアの中に入り，**マトリックス**
（▶ P. 29）にある酵素のはたらきで，水素と二酸化炭素にまで分解される過程。
この過程で 2 分子の **ATP** が合成される。二酸化炭素はいわば "排気ガス" な
ので，細胞外へ捨てられる。一方の水素はエネルギーとしての価値があるので，
NAD^+ や FAD という物質と結合して **NADH** や **FADH$_2$**という形で捕捉され，
ミトコンドリアの内膜に運ばれる。

●電子伝達系

解糖系とクエン酸回路で生じた NADH や FADH$_2$ は，ミトコンドリアの**内膜**にある酵素のはたらきで，電子と H$^+$ に分けられる。電子が**内膜**を移動する過程で，電子のもつエネルギーを利用して34分子もの ATP が合成される。仕事をした電子は最終的に H$^+$ および酸素と結びついて，水になる。

以上の３つの過程から，グルコース１分子につき最大で38分子の ATP が合成されるんだ。

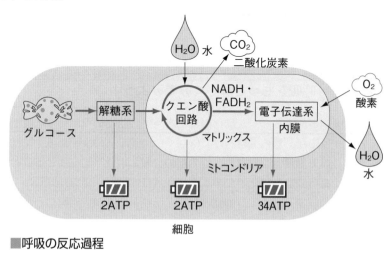

■呼吸の反応過程

問題 **3**　　**代　謝** ★★★

代謝に関する記述として**誤っている**ものを，次の①〜⑥から二つ選びなさい。
① 植物は，炭素源として大気中の二酸化炭素を利用する。
② 動物は，大気中の二酸化炭素も利用できるが，グルコースのような有機物の形の炭素も利用できる。
③ エネルギーに富む有機物を分解したり，太陽エネルギーを捕捉したりして，化学エネルギーを獲得する過程も代謝に含まれる。

④　獲得されたエネルギーは，物質の合成など，さまざまな生命活動に利用される。

⑤　同化はエネルギーを吸収する反応であり，異化はエネルギーを放出する反応である。

⑥　異化の過程で放出されるエネルギーの量は，この過程でATPの形に蓄えられるエネルギーの量と等しくなる。

〈センター試験・改〉

《《✓解説》》

①　「炭素源として大気中の二酸化炭素を利用する。」とは，**光合成によって，大気中の二酸化炭素を材料に有機物を合成する**，という意味だ。植物は光合成を行うので，**正しい**。

②　動物はグルコースのような有機物を呼吸に利用するけど，光合成を行わないので，「大気中の二酸化炭素を利用できる」の部分は誤りだ。

③　「有機物を分解」は**呼吸**，「太陽エネルギーを捕捉」は**光合成**，「化学エネルギーを獲得」は**ATP合成**と考えられる。これらの反応は代謝に含まれる。よって，**正しい**。

④　代謝の過程で得られたATPは，さまざまな生命活動に利用される。よって，**正しい**。

⑤　**同化はエネルギーを吸収する反応**，一方，**異化はエネルギーを放出する反応**だ。よって，**正しい**。

⑥　呼吸は，有機物を分解して生じるエネルギーをATPの化学エネルギーに蓄える反応だ。しかし，有機物のもつエネルギーのすべてがATPのエネルギーに変換できるわけではない。どうしてもロス（無駄なエネルギー）が生じてしまうためだ。そのため，**異化の過程で生じるエネルギーよりも，つくられるATPがもつエネルギーのほうが小さくなる**んだ。ここでいうロスとは熱エネルギーだ。私たちが，食事で摂取する有機物のエネルギーのうち，ATPに蓄えられる分はおよそ40％ほどで，残りは熱エネルギーすなわち体温となるよ。よって，誤りだ。

《《✓解答》》

②，⑥

チェックしよう!

- ☐ **❶** 代謝のうち，エネルギーを必要とする合成反応を何というか。
- ☐ **❷** 代謝のうち，エネルギーを放出する分解反応を何というか。
- ☐ **❸** 代謝にともなって出入りするエネルギーを仲介する物質を何というか。
- ☐ **❹** ATP が分解すると生じる物質を 2 つあげよ。
- ☐ **❺** 化学反応の前後で自身は変化せず，反応だけを速める物質を一般に何というか。
- ☐ **❻** だ液に含まれるデンプン分解酵素の名称を答えよ。
- ☐ **❼** 胃液に含まれるタンパク質分解酵素の名称を答えよ。
- ☐ **❽** 光合成では，二酸化炭素と水をもとに，有機物と何がつくられるか。
- ☐ **❾** 呼吸では，有機物を分解して二酸化炭素と水が生じる過程で ATP がつくられる。このとき必要となる気体は何か。

解答

❶同化　**❷**異化　**❸**ATP　**❹**ADP，リン酸　**❺**触媒　**❻**アミラーゼ　**❼**ペプシン　**❽**酸素　**❾**酸素

第 2 編

遺伝情報と DNA

第1章

遺伝情報とDNA

▲ DNAの塩基はAとT，GとCで組み合わせをつくる。

STORY 1 遺伝子とは

遺伝子の本体が DNA であるっていうことは，今では広く知られているよね。でも，このことが明らかになるまでには，ずいぶんと時間がかかったんだ。

メンデルが"遺伝子"の存在を想定したのは1860年代。遺伝子の本体が DNA であることがわかったのは，それから100年近くたった1950年代になってからなんだ。

 "遺伝子"という言葉と，"DNA"という言葉の違いがわかりません。今まで同じものと考えていました。

"遺伝子"は，メンデルの時代は「**形質を親から子へ伝えるはたらきをするもの**」という意味で使われていた。でも，今では「**タンパク質の設計図となる情報を含む領域**」という意味で使われるようになった言葉だ（P. 106で詳しく学ぶよ）。これに対して，"DNA"は物質の名称だ。だから，"タンパク質"とか"炭水化物"などと同じレベルの言葉だね。

ここでは，遺伝をつかさどる因子が，DNA という物質であることがわかるまでの研究の道のりをみていこうというわけだ。

まずメンデルは，**1つの遺伝形質には1対の遺伝子がかかわる**と考えた。そして，配偶子がつくられるときに，対になる遺伝子が分離して別々の配偶子に入っていくと考えた。

　1900年代になると，減数分裂のときの染色体の動きが，メンデルが仮定した遺伝子の動きによく合致することがわかり，サットンは「**遺伝子は染色体上に存在する**」という**染色体説**を唱えた。染色体は同じ大きさ・形のものが2本ずつ存在し，これらを**相同染色体**という。相同染色体は減数分裂のときに対をつくり，その後，別々の配偶子に入っていく。この相同染色体の動きが，メンデルが仮定した遺伝子の動きと重なったんだ。

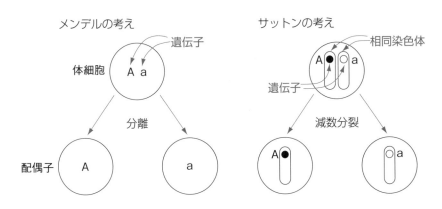

　減数分裂の結果つくられる配偶子（卵や精子）は，その後受精して受精卵となる。このとき，配偶子どうしの染色体は単に足し合わされるので，再び相同染色体が2本ずつそろうことになる。つまり，相同染色体の一方は，精子を通じて父親から受け継いだもの，もう一方は，卵を通じて母親から受け継いだものだ。このように，**子は両親の遺伝情報を半分ずつ受け継ぐ**んだ。

STORY 2 　遺伝子の本体

1 染色体の成分 ＞★☆☆

　1869年，ミーシャーは，患者の傷口（きずぐち）にできた膿（うみ）に含まれる白血球の核から，未知の物質を発見した。その後，この物質は**タンパク質とともに染色体をつく**っている **DNA** であることがわかった。

さらに研究が進むにつれて，DNAには次のような特徴があることがわかった。

〔DNAの特徴〕
❶ 細胞中のDNAのほとんどは，核内にある。
❷ 1個の核内にあるDNAの量は，生物種によって一定である。
❸ 配偶子（卵や精子）のDNA量は，体細胞のDNA量の半分である。

これらの特徴は，遺伝子としての資格があることをほのめかすものだけど，遺伝子探求の初期には，「タンパク質こそが遺伝子の本体ではないか」という考え方が有力だったため，DNAはそれほど重要とは考えられていなかったんだ。

2 細菌の形質転換 > ★★★

グリフィスは，イギリスの厚生省に勤める研究者だった。1920年代当時，イギリスでは肺炎がはやっていて，グリフィスはその病原菌について調べていたんだ。

ある日，グリフィスは，患者の痰（たん）を顕微鏡で調べていて不思議なことに気がついた。それは，痰に含まれる肺炎菌の形質が，患者ごとに少しずつ異なるということだった。肺炎は流行病だから，その原因となる病原菌は同一であるはずだよね。でも，形質に違いがあるということは，感染後にヒトの体の中で形質が変化する可能性を示しているんだ。このことを確かめるために，グリフィスは肺炎双球菌（はいえんそうきゅうきん）を使って，次のような実験を行った。

① 肺炎双球菌

肺炎双球菌には，マウスに**感染させると発病するS型菌**と，**感染させても発病しないR型菌**とがある。S型菌は細胞の外側にカプセル（さや）をもち，R型菌はカプセルをもたない。

このカプセルは，ネズミの白血球をブロックする"たて"になる。だから，カプセルをもたないR型菌はネズミの白血球に食べられてしまい，増殖できないんだ。

	S型菌	R型菌
性　質	病原性あり	病原性なし
形　状	カプセルあり	カプセルなし
コロニー	なめらか（Smooth）	でこぼこ（Rough）

　名前のSとかRは，寒天培地で培養したときにできるコロニー（細菌の集落）が，"なめらか（Smooth）"であるか"でこぼこ（Rough）"であるかに由来する。

②　グリフィスの実験（1928年）

❶　**S型菌**をマウスに注射すると，マウスは肺炎を発病して死亡した。

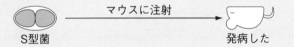

S型菌　　マウスに注射　　発病した

❷　**R型菌**をマウスに注射すると，マウスは発病しなかった。

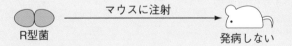

R型菌　　マウスに注射　　発病しない

❸　煮沸^{しゃふつ}して殺した**S型菌**をマウスに注射すると，マウスは発病しなかった。

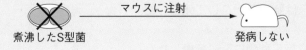

煮沸したS型菌　　マウスに注射　　発病しない

❹ 　煮沸して殺した S 型菌と，生きた R 型菌を混ぜて注射したところ，
マウスは発病して死亡し，その体内からは生きた S 型菌が見つかった。

煮沸した S 型菌も，生きた R 型菌もともに無害なはずだ。なのに，❹でマウスが死亡したのはどうしてかな？

う〜ん，死んだはずの S 型菌が生き返ったとか？

いや，一度死んだ細胞が生き返るなんてことはありえないよ。グリフィスは，R 型菌が死んだ S 型菌から何らかの物質を受け取って，S 型菌に変化したと考えたんだ。すなわち，その何らかの物質には，"カプセルのつくり方" が記述されていて，本来カプセルをつくらないはずの R 型菌が，カプセルをつくるようになったというわけだ。

このような現象を形質転換というんだ。

《POINT❶》 グリフィスの実験

◎煮沸した S 型菌と生きた R 型菌を混ぜてマウスに注射する。

⬇

◎マウスは肺炎を起こして死亡した。

⬇

◎R 型菌が S 型菌に形質転換した。

3 形質転換を引き起こす物質の解明 ＞★★★

① エイブリーらの実験

　エイブリー（アベリー）とその研究グループは，形質転換させる物質（おそらく，それが遺伝子だ）が何なのかを明らかにするため，次のような実験を行った（1944年）。

❶ S型菌をすりつぶして得た 抽 出 液を，生きたR型菌と混ぜて培養すると，R型菌に混じってS型菌が現れた。つまり，**形質転換がみられた。**
➡マウスの体内でなくても，同様な結果が試験管内でも起こる。

❷ S型菌の抽出液に，**DNA分解酵素**を加えてから，R型菌と混ぜて培養すると，**形質転換はみられなかった。**
➡ DNA が形質転換にかかわっている。

❸ S型菌の抽出液に，**タンパク質分解酵素**を加えてから，R型菌と混ぜて培養すると，**形質転換がみられた。**
➡タンパク質は形質転換にかかわっていない。

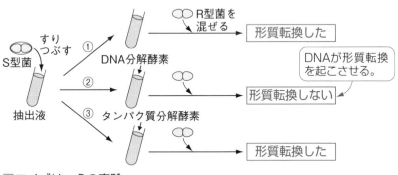

■エイブリーらの実験

　これらの実験から，**形質転換はS型菌のDNAによって起こる**ことが明らかになったんだ。

グリフィスの実験では，S型菌を加熱殺菌しましたよね。それでもDNAは壊れないんですか？

DNAはタンパク質と違って，熱にある程度強いんだ（熱に対して安定）。だから，加熱によりS型菌は死んでも，DNAは無事だったというわけだ。

② エイブリーらの実験と形質転換

エイブリーらの実験の後にわかったことだけど，S型菌が死ぬと，そのまわりにS型菌のDNA断片が散らばるんだ。R型菌は，そのDNA断片の一部を取り込んで，自分のDNAに組み込むんだけど，取り込んだDNA断片にカプセルをつくる遺伝子が存在した場合，R型菌がS型菌に形質転換するんだ。

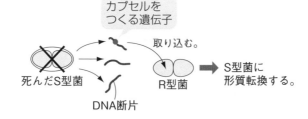

エイブリーらの実験によって，遺伝子がDNAだってことが決まったんだね。

いや，じつはそうではなかったんだ。この実験が行われた当時，「遺伝子はタンパク質ではないか」と考える学者が多かったため，エイブリーの結果は，"DNAは，遺伝子であるタンパク質に何らかの影響を与えただけ"という無理のある解釈をされ，評価されなかったんだ。そのため，エイブリーはノーベル賞を逃してしまうんだよ。

《POINT②》 エイブリーらの実験

◎R型菌をS型菌に形質転換させる物質はDNAである。

4 遺伝子本体の解明 ＞★★★

1952年，ハーシーとチェイスは，細菌だけに感染するウイルスであるバクテリオファージを用いて実験を行い，遺伝子の本体を明らかにした。

① T₂ファージとは

T₂ファージ（バクテリオファージの一種）は，大腸菌に感染するウイルスで，**タンパク質の殻と内部にDNAだけをもつ**単純な構造をしている。

> ウイルスって，細胞ではないんですか？

ウイルスは細胞とはまったく違うものだよ（▶P. 23「発展」）。細胞なら自分で分裂して増えることができるよね。でも，ウイルスはそれができない。必ず，細胞に寄生して，その細胞の複製系を乗っ取って自分の複製をつくらせて増えるという方法をとるんだ。大きさも細胞よりずっと小さく，光学顕微鏡では見ることができないよ。

② ハーシーとチェイスの実験（1952年）

❶ T₂ファージの**タンパク質**と**DNA**に，それぞれ目印（標識）をつけて大腸菌に感染させ，数分間待つ。
　➡この過程でファージは遺伝子を大腸菌に注入する。

❷ 大腸菌をブレンダー（ミキサー）ではげしく撹拌する。
　➡ファージが大腸菌内に注入した物質（沈殿に存在）と，菌の外に残した物質（上澄み中に存在）を振り分ける。

❸ この液を遠心分離して大腸菌を沈殿させたところ，ファージのタンパク質は上澄み中から検出されたのに対し，**DNAは菌とともに沈殿中から検出された**。さらに，この大腸菌からは，30分後にたくさんの子ファージが生じた。

ハーシーとチェイスの実験がもとになって，T₂ ファージの増殖のしくみは，次のようであると考えられた。

③　T₂ ファージの増殖のし方

　T₂ ファージは大腸菌の表面にくっつくと，**タンパク質の殻は菌の外に残したまま，DNA を菌体内に注入する。**すると，大腸菌の中でたくさんの子ファージがつくられて，30分後には菌体を壊して出てくる。

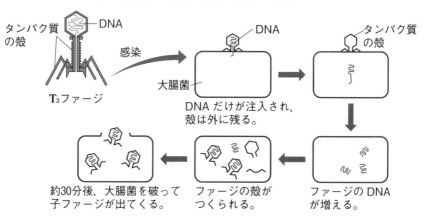

　この結果から，子ファージをつくらせた物質は，タンパク質ではなく DNA であることが明らかになり，**遺伝子の本体は DNA** ということが決定的となったんだ。

《POINT❸》 ハーシーとチェイスの実験

　◎大腸菌に子ファージをつくらせる物質は，タンパク質ではなく **DNA** である。

ファージのタンパク質とDNAにつけた目印（標識）とは，どんなものだったのですか？

　タンパク質の構成元素は，C, H, O, N, Sで，一方，DNAの構成元素は，C, H, O, N, Pだ。つまり，タンパク質とDNAは，元素S（イオウ）とP（リン）のどちらを含むかで区別できるんだ。

　そこで，ハーシーとチェイスは，ファージに含まれるこれらの元素を**放射性同位体**（^{35}Sと^{32}P）に置き換えることを考えた（ふつうの元素は^{32}Sと^{31}P）。これらの元素が発する放射線をたよりに，どのように移動したのかを追跡することができるんだ。ちょうど，スパイ映画なんかで，発信機を車に取りつけて敵の隠れ家を探すのと似ているよ。

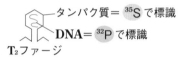

タンパク質＝^{35}Sで標識
DNA＝^{32}Pで標識
T_2ファージ

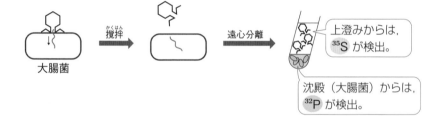

大腸菌　撹拌　遠心分離

上澄みからは，^{35}Sが検出。

沈殿（大腸菌）からは，^{32}Pが検出。

　核酸は，1870年頃にミーシャーによりヒトの膿(うみ)から発見された。この核酸が遺伝子の本体であることは，その発見から半世紀以上を経て，グリフィスやエイブリーによる肺炎双球菌を用いた研究で明らかになった。肺炎双球菌には，ネズミやヒトで肺炎を引き起こす病原性のS型菌と，非病原性のR型菌とがある。グリフィスが行った実験にならって，以下の**実験1～4**を行った。

実験1　S型菌をネズミに注射するとネズミは肺炎を起こしたが，R型菌を注射した場合には肺炎を起こさなかった。

実験2　加熱殺菌したS型菌をネズミに注射しても，肺炎を起こさなかった。

実験3　加熱殺菌したS型菌と生きたR型菌を混ぜて注射すると，肺炎を起こすネズミが現れた。このネズミから，生きたS型菌が検出された。

実験4　実験3で得られたS型菌を数世代培養したあとにネズミに注射すると，肺炎を起こした。

問1　実験1～4の結果から考察される，S型菌の形質を決定する物質の性質として**誤っているもの**を，次の①～④から一つ選びなさい。

①　R型菌に移り，その形質を変化させる。

②　熱に対して比較的安定である。

③　加熱によりR型菌の形質を決める物質に変化する。

④　遺伝に関係する。

問2　実験1～4の結果を踏まえた上で，肺炎双球菌の形質を決定する物質を特定する際に決め手となる実験として最も適当なものを，次の①～④から一つ選びなさい。

①　S型菌から抽出した物質の構成成分を定量し，その主成分を決める。

②　S型菌から抽出したDNAを用いて形質転換実験を行う。

③　S型菌から抽出した炭水化物（菌体の表面を構成する物質）を用いて形質転換実験を行う。

④　S型菌から抽出した脂質を用いて形質転換実験を行う。

第**1**編 生物の特徴

第**2**編 遺伝情報とＤＮＡ

第**3**編 生物の体内環境の維持

第**4**編 生物の多様性と生態系

⑤　Ｓ型菌から抽出した物質にタンパク質分解酵素をはたらかせたあと，形質転換実験を行う。

⑥　Ｓ型菌から抽出したタンパク質を用いて形質転換実験を行う。

〈センター試験・改〉

===== ✓解説 =====

問1　実験3では，Ｒ型菌がＳ型菌へ形質転換したと考えるのだから，選択肢③だけが誤りだよね。

問2　①は，Ｓ型菌に含まれる物質の量を調べて，一番多いものを遺伝物質に決めようといっているんだ。明らかに**誤り**だよね。②の実験で形質転換が起これば，遺伝物質がＤＮＡであると特定できるよ。そして，実際にそうなるんだったよね。したがって，**正解は②**。

===== ✓解答 =====

問1　③　　　問2　②

STORY3　DNAの構造

1　ヌクレオチド〉★★★

では，DNAの構造をみていこう。

DNAは核酸の一種で，糖と塩基，リン酸が1つずつ組み合わさった**ヌクレオチド**とよばれる構造が多数つながった高分子化合物だ。

DNAをつくるヌクレオチドの糖は，**デオキシリボース**という糖で，この糖とリン酸が交互に結合して鎖をつくっている。DNAの正式名称は**デオキシリボ核酸**というんだけど，これは糖がデオキシリボースであることに由来するんだ。

ヌクレオチドの塩基には，**アデニン（A）**，**グアニン（G）**，**シトシン（C）**，**チミン（T）**の4種類があり，これが遺伝情報を記述するための「文字」となっている。そして，この塩基の並び方によって遺伝情報として意味のある「言葉」がつくられるんだ。

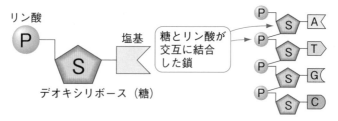

■ヌクレオチドとヌクレオチド鎖

2 二重らせん構造 ★★★

　DNAの分子は，ヌクレオチドの鎖2本が対になって，ねじれたような構造をしている。ちょうど，はしごをねじったような構造だ。これを二重らせん構造という。

　2本の鎖を結びつけるのは，塩基どうしの間にできる水素結合だ。塩基どうしの結合には規則性があって，**アデニンはチミン（A－T），グアニンはシトシン（G－C）**というように，おたがいに結合する相手が決まっているんだ。このような性質を塩基の相補性というよ。

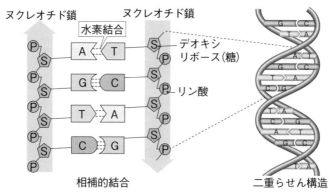

■DNAの二重らせん構造

塩基を結びついている**水素結合**は「弱い結合」なので，90℃くらいの水溶液中で簡単にほどけて 1 本鎖になる。

　でも，また水溶液の温度を下げると，おたがいの鎖がみずから結合して，"より" を戻すように再びらせんを巻くんだ。

((POINT④)) DNA の構造

◎DNA は，ヌクレオチドが多数つながった鎖からなる。

◎ヌクレオチドは糖，塩基，リン酸からなる構造単位である。

◎DNA は，通常 2 本鎖が対になり，二重らせん構造をとる。

◎塩基の相補性 ➡ DNA の塩基は，アデニンがチミン（A－T）と，グアニンがシトシン（G－C）と対になり，水素結合をつくる。

3 塩基の規則性 > ★★★

　DNA の二重らせん構造は，1953 年ワトソンとクリックによって明らかにされた。ワトソンとクリックが DNA の構造を思いつくきっかけとなったのが，1949 年ごろ，**シャルガフ**によって発見された**塩基の規則性**だ。

　シャルガフは，いろいろな生物の DNA から塩基を抽出して，A，G，C，T の数の比（塩基組成という）を調べたんだ。下の表がそのデータの一部だ。

■ DNA の塩基組成〔%〕

材料　　　　　塩基	A	G	C	T
ウシ肝臓	28.8	21.0	21.1	29.0
ウシ腎臓	28.3	22.6	20.9	28.2
ヒト肝臓	30.3	19.5	19.9	30.3
ニワトリ赤血球	28.8	20.5	21.5	29.2

どの DNA でも A〔%〕≒ T〔%〕，G〔%〕≒ C〔%〕が成り立っている。

この表をみると，どの生物の試料も，アデニン（A）とチミン（T）の組成比と，グアニン（G）とシトシン（C）の組成比が**それぞれほぼ等しい**ってことがわかるよね。

　このデータをもとに，ワトソンとクリックは，AとT，GとCがそれぞれ結合をつくるというアイデアを思いついたんだ。

《POINT 5》 シャルガフの規則

◎DNAの分子に含まれる塩基の数の割合は，

$$A〔\%〕= T〔\%〕\qquad G〔\%〕= C〔\%〕$$

が成り立つ。

問題 2　DNAの構造1 ★★★

　DNAは，（ア）とよばれる単位が多数つながった2本の鎖が，それぞれらせんを描いた形をしているため，DNAの構造は（イ）構造とよばれる。DNAの（ア）は，（ウ），塩基，リン酸の3つの成分から構成されている。DNAの2本の鎖の間で，塩基どうしが水素結合をつくっており，アデニンと（エ）が，グアニンと（オ）がそれぞれ対になっている。

問1　（ア）～（エ）に適する語句を書きなさい。
問2　あるDNAの塩基組成を調べたとき，アデニン（A）の含量が27.3%だったとすると，グアニン（G）の含量はいくらか。

〈オリジナル〉

✓解説

問2　組成比はA＝Tなので，A＋T = 27.3 + 27.3 = 54.6となる。

$$G + C = 100 -（A + T）$$
$$= 100 - 54.6$$
$$= 45.4$$

G ＝ C なので，

G ＝ 45.4 ÷ 2

　＝ 22.7

AとG，TとCのように，対にならない塩基どうしは，足すと50%になるんだよ。

《√解答》

問1 　（ア）－ヌクレオチド 　　　　　（イ）－二重らせん

　　　（ウ）－デオキシリボース（糖）　（エ）－チミン 　　　（オ）－シトシン

問2 　22.7%

問題 3 　DNAの構造2 　★★★

　2本鎖DNAの構造に関する記述として誤っているものを，次の①〜⑤から一つ選びなさい。

① DNAの一方の鎖の構成要素（A，T，G，C）の配列が決定されると，もう一方の鎖のDNAの構成要素の配列が決まる。

② DNAの2本鎖は，二重らせん構造をとっている。

③ DNAの一方の鎖に含まれる4種類の構成要素の数の割合は，もう一方の鎖に含まれる4種類の構成要素の数の割合と常に同じである。

④ DNAの構成要素AとT，GとCが，それぞれ相補的な結合をすることにより，DNAの2本の鎖はたがいに結合できる。

⑤ DNAの4種類の構成要素の数の割合は，一般に生物種により異なっている。

〈センター試験・改〉

《✓解説》

① DNAの構成要素とは塩基のことと考えてよい。DNAの2本鎖を構成する塩基は，それぞれ相補的に結合をつくっているため，一方の鎖の塩基配列が決まれば，もう一方の塩基配列も決まる。ちょうど，2本の鎖の凹凸

がかみ合っているようなイメージだ。よって，**正しい**。

② DNAの2本鎖は，はしごをねじったような二重らせん構造をしてたよね。よって，**正しい**。

③ 下図のような簡単な2本鎖DNAを考えてみよう。上の鎖のAの割合は40％（5分の2）だけど，下の鎖のAの割合は20％（5分の1）になっている。

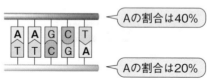

このように，どんな生物のDNAも，一方の鎖だけを見るとA・T・G・Cの割合が完全に等しいということはなく，ある程度偏りがあるものなんだ。ということは，「二重らせんを構成する2本鎖のそれぞれに含まれる4種類の塩基の数の割合は常に同じになる」というのは誤りだ。

⑤ 遺伝情報は，DNAの塩基配列として記録されている。生物種によって遺伝情報は異なるので，当然塩基配列も違ったものとなる。そのため，異なる生物種の間では，塩基の割合にも違いがある。よって，**正しい**。

③

4　細胞内でDNAはどのように存在するのか 〉★★☆

　DNAの存在のしかたは，真核細胞と原核細胞では大きく違う。次の表はその違いをまとめたものだ。

■ 真核細胞と原核細胞の DNA の存在のしかたの比較

	真核細胞の DNA	原核細胞の DNA
存在のしかた	核膜でしきられた中に，存在する。	核膜のようなしきりはなく，**細胞質中に存在する。**
結合タンパク質	ヒストンに結合している。	ヒストンに結合せず，ほぼ**裸の状態で存在する。**
形　状	端のある**直鎖**が何本もある。	ひとつながりの鎖が環状になっている。

　ヒトの場合，細胞内のDNAは46本に分かれていて，それらを合計した長さは2mにも及ぶ。このような長いDNAの鎖が，絡まったりあるいは切れたりしないように，真核細胞のDNAはヒストンとよばれるタンパク質に巻きついているんだ。

▲長いものは，巻いておけば絡まない。

　とくに，細胞分裂のときは，長いDNAの鎖をきちんと娘細胞に分配しないといけないので，さらにコンパクトにする必要がある。このときつくられる構造が染色体だ。分裂期になると，次のページの図のように，DNAが何重にも折りたたまれて，長さ2〜10μmの，太くて短い染色体になるんだ。

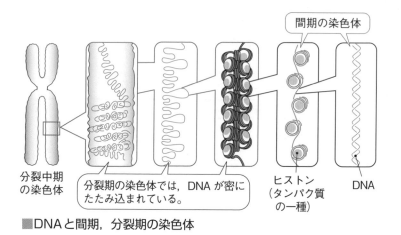

分裂中期
の染色体　　分裂期の染色体では，DNA が密に
　　　　　　たたみ込まれている。

間期の染色体

ヒストン
（タンパク質
の一種）　　DNA

■DNAと間期，分裂期の染色体

　原核細胞の DNA は，真核細胞に比べてとても短い。そのため，ヒストンに
も結合せず，染色体構造もとらないんだ。

 じゃあ，DNA は真核細胞では核の中だけに
存在するんですね。

5 真核細胞の核の外にあるDNA ＞★☆☆

　前にも説明したとおり，真核細胞の DNA はほとんどが核の中に存在する。
でも，核以外のミトコンドリアや葉緑体にも，少しだけ DNA が含まれてい
るんだ。これらの DNA は，原核細胞の DNA のように環状なので，細胞内共
生説（▶P.36）の根拠になっているよ。

《 POINT 6 》 DNAの存在様式

◎真核細胞の DNA ➡ ヒストンに巻きついている。分裂期に
　は染色体構造をとる。

◎原核細胞の DNA ➡ 細胞質中に存在している。環状構造を
　とる。

□❶　肺炎双球菌のS型菌をすりつぶした液に生きたR型菌を混ぜると，一部のR型菌がS型菌に変化する。この現象を何というか。

□❷　❶を起こす原因となる物質は何か。

□❸　バクテリオファージを用いた実験で，DNAが遺伝子の本体であることを示した研究者は誰か。

□❹　DNAの立体構造を何というか。

□❺　❹を明らかにした研究者は誰か。

□❻　ある生物から抽出したDNAを分析したところ，全塩基数のうちTの割合が27%だった。このとき，AとGの割合をそれぞれ答えよ。

□❼　DNAの日本語の正式名称を何というか。

□❽　DNAを構成する構造の基本単位を何というか。

□❾　DNAを構成する糖の名称を答えよ。

□❿　DNAを構成する4種類の塩基の名称をすべて答えよ。

=== 解答 ===

❶形質転換　❷DNA　❸ハーシーとチェイス　❹二重らせん構造
❺ワトソンとクリック　❻A－27%　G－23%　❼デオキシリボ
核酸　❽ヌクレオチド　❾デオキシリボース　❿アデニン，グアニ
ン，シトシン，チミン

第 2 章

遺伝情報の複製と分配

▲体細胞分裂について，勉強しよう！

STORY 1 ┃ DNAの複製

1 ┃ DNAの複製の方法 ＞ ★★★

　細胞が分裂によって増えるとき，DNAとその遺伝情報は，複製されて分配される。DNAの遺伝情報は，A，T，G，Cの並び順にかくされているため，DNAが複製されるときには，この塩基の並び順を保ったまま新しいDNAの鎖を複製するということが，とても重要なんだ。その複製のしくみを次に説明するよ。

❶ DNAの2本鎖の一部がほどけて1本鎖になる。

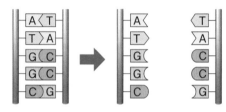

もとの2本鎖DNA

❷ それぞれの１本鎖の塩基と対をつくる塩基をもつヌクレオチドがやってきて，水素結合をつくる。このとき塩基の相補性により，**必ずAはTと，GはCと結合する**んだ。

❸ 隣り合うヌクレオチドどうしが，糖とリン酸の間で連結される。これを行う酵素を **DNAポリメラーゼ**という。

もとの鎖　　新しい鎖　　　　　　新しい鎖　　もとの鎖

こうしてできた新しい２本のDNA鎖は，その塩基配列がもとの鎖とまったく同じになるよね。

このように，**もとのDNA鎖の一方が，新しいDNA鎖の半分**（２本鎖のうちの片方）**をつくる複製方法**を，半保存的複製というんだ。

《POINT ❼》 DNAの複製

◎半保存的複製 ➡ もとのDNAから一方の鎖をそのまま受け継いで，もとの鎖と新しい鎖とで２本鎖がつくられる。

細胞分裂

　ドイツのフィルヒョーが，かつて，「すべての細胞は細胞から生じる」と言ったように，細胞は細胞分裂によってのみ増える。

　細胞分裂には，体をつくる細胞（**体細胞**という）を増やす**体細胞分裂**と，配偶子（卵や精子）や胞子など生殖のための細胞をつくる**減数分裂**とがあるんだ（減数分裂については「生物」で学ぶよ）。

細胞分裂 　体細胞分裂 ➡ **体細胞**が増えるときに行われる。
　　　　　減 数 分 裂 ➡ **配偶子**（卵や精子）や**胞子**など，生殖のための
　　　　　　　　　　　　細胞がつくられるときに行われる。

　習慣として，細胞分裂するもとの細胞を**母細胞**，分裂によって生じる細胞を**娘細胞**とよぶよ。なぜ，"父細胞" ではなく，母細胞かというと，"父" は子（細胞のこと）を生まないからだ。

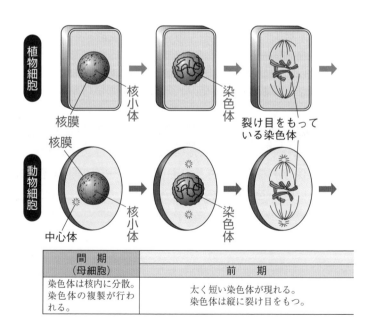

間　期 （母細胞）	前　期
染色体は核内に分散。 染色体の複製が行われる。	太く短い染色体が現れる。 染色体は縦に裂け目をもつ。

1 体細胞分裂 > ★★★

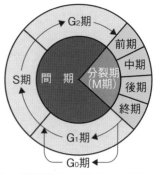

「生物基礎」では，体細胞分裂だけを学ぶよ。

体細胞分裂は，核が2つに分かれる**核分裂**と，細胞質が分かれる**細胞質分裂**の過程からなる。

核分裂が終わってから次の核分裂が始まるまでの時期，つまり，核分裂と核分裂の"間"の時期を**間期**という。間期はさらに，G_1期，S期，G_2期に分けられる（詳しくはP. 101）。分裂を停止した細胞は，G_1期から G_0 期とよばれる休止状態に入っており，これが再び分裂を始めるときには，G_1期から細胞周期にもどっていく。核分裂の時期（**分裂期（M期）**という）は，さらに前期・中期・後期・終期に分けられる。

① 間期（G_1期，S期，G_2期）

● **染色体が核内に分散**している。核膜，核小体がはっきり見える。

● 何も起こっていないように見えるが，**染色体の複製（DNAの合成）が行われている**（S期）。体細胞分裂とDNA量の変化は，P. 102で説明するよ。

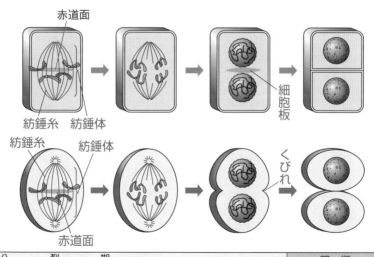

分　　　裂　　　期			間　　期
中　期	後　期	終　期	（娘細胞）
染色体が赤道面に並び，紡錘体が完成する。	染色体が縦の裂け目から分離して両極へ移動する。	染色体は糸状にもどる。核膜と核小体が現れる。細胞質分裂が始まる。	細胞質分裂が終了し，2個の娘細胞ができる。

- DNAのほかにも，細胞分裂に必要なタンパク質などの合成が起こるため，代謝（たいしゃ）が活発に起こっている。
- 分裂により小さくなった細胞が，この時期に成長してもとの大きさにもどる。

② 分裂期

① 前　期

- 核内に分散していた糸状の染色体が凝縮（ぎょうしゅく）して（集合して），**太く短い染色体となって現れる。**
- **核膜，核小体が消失する。**
- 染色体は**縦に裂け目（さ）をもっている。** ちょうど，割る前の "割りばし" のようだ。
- **動物細胞**では，中心体が分離して両極に移動し，**星状体（せいじょうたい）をつくる。** 星状体からは，**紡錘糸（ぼうすいし）が染色体に向かって伸び始め，** さらに，紡錘糸が多数集まって**紡錘体（ぼうすいたい）をつくり始める。**
- **植物細胞**では，中心体がないので星状体はつくられず，両極付近から紡錘糸が伸びて，紡錘体をつくり始める。

② 中　期

- **染色体が赤道面（せきどうめん）**（極と極の中間の面）**に並ぶ。**
- 紡錘糸が染色体の動原体（どうげんたい）という部分にくっついて，**紡錘体が完成する。**

■中期の染色体（動物細胞）

③ 後　期

- **染色体が中央にある縦の裂け目から分離して，** 紡錘糸に引っぱられるようにして**両極へ移動する。** ちょうど，割りばしが2つに割れて移動するようなイメージだ。

④ 終　期

- 太く短い染色体が細い糸状にもどり，核内に分散する。
- **核膜，核小体が現れる。**
- 2つの娘核（むすめかく）ができて，核分裂が終わる。
- 細胞質分裂が始まる。

終期は前期の逆が起こると覚えておこう。

《 POINT 8 》 体細胞分裂

間　期 ➡ 染色体が核内に分散する。DNA の複製が行われる。

分裂期
{
前期 ➡ 太くなった染色体が現れる。核膜，核小体が消失する。

中期 ➡ 染色体が赤道面に並ぶ。紡錘体が完成する。

後期 ➡ 染色体が縦の裂け目から分離し，両極へ移動する。

終期 ➡ 核膜，核小体が現れる。染色体が核内に分散する。細胞質分裂が起こる。
}

③ 動物細胞と植物細胞の細胞質分裂の違い

●**動物細胞**では，赤道面上の細胞表面にくびれが生じ，やがて内側に深く入り込んで細胞質を二分する。

●**植物細胞**では，赤道面の中央に細胞板ができて，これが外側に向かって成長して細胞質をしきって二分する。**細胞板はやがて細胞壁となる。**

《POINT ⑨》 動物細胞と植物細胞の細胞分裂の違い

◎動物細胞 ➡ ・中心体が星状体をつくり，そこから紡錘糸が
　　　　　　　　伸びる（前期）。
　　　　　　　・くびれによって細胞質が二分する（終期）。

◎植物細胞 ➡ ・星状体が見られず，極から紡錘糸が伸びる
　　　　　　　　（前期）。
　　　　　　　・細胞板によって細胞質が二分する（終期）。

2　体細胞分裂の各時期の長さを求める 〉★★★

　体細胞分裂において，細胞が前期や後期を通過するのにかかる時間はどのように調べればいいだろう？

　特別な顕微鏡や撮影装置を使えば，生きた細胞の体細胞分裂のようすをそのまま記録して，前期や後期に要する時間を調べることは簡単にできる。

　でも，これにはたいへん高価な顕微鏡やカメラが必要だよね。このような機材を使わず，君たち高校生が，理科室にある顕微鏡だけを使って時間を求める方法があるんだ。

　まず，タマネギの根の先っぽ（根端という）など，体細胞分裂がさかんに行われている組織を用意する。そしてこれを，核や染色体のようすがよくわかるように，**固定** ➡ **解離** ➡ **染色** ➡ **押しつぶし**（P. 39を見てね）によって，標本にしてしまうんだ。

 えっ？　固定したら細胞は死んでしまうんじゃないですか？

　そう。死んでしまうので，細胞分裂も止まってしまう。でも，これでかまわないんだ。この方法のポイントは，1個の細胞だけを観察するのではなく，たくさんの細胞を観察することにあるんだ。

　標本を観察すると，前期で固定された細胞や中期で固定された細胞など，さ

まざまな時期の細胞が観察できる。どの細胞も1回の分裂に要する時間は同じであっても，細胞分裂が同調しているわけではないので，細胞ごとに固定される時期が異なるためだ。ここから，**各時期にある細胞数は，その時期を通過するのに要する時間に比例する**という考えを導くことができる。たとえば，後期で固定された細胞が最も少ない場合，それは後期が最も短く，細胞があっという間に通過するからだと考えることができるんだ。

ちょっと，難しくてよくわからないです。

次のような例えならどうかな。

無作為に多くの人の誕生日を集計したところ，1月1日から12月31日までのどの日が誕生日の人も，まんべんなく同じくらいいたとしよう。この場合，2月生まれの人が，ほかのどの月の生まれの人よりも少なくなりそうだよね。なぜなら，2月は28日しかないからだ。逆に言えば，ある月に生まれた人数は，その月の日数に比例するというわけだ。

[例] ある植物の体細胞分裂をさかんに行っている組織を固定し，押しつぶし法でプレパラートを作成した。これを顕微鏡で観察したところ，各時期の細胞数は下の表のようになった。なお，分裂から次の分裂までには18時間かかるとする（1回の分裂に要する時間）。

	間期	前期	中期	後期	終期
細胞数	591	32	8	4	5

この場合，**前期の長さ**は，

$$前期の長さ = \frac{前期の細胞数}{すべての細胞数} \times 1回の分裂に要する時間$$

$$= \frac{32}{591+32+8+4+5} \times 18 \text{〔時間〕}$$

$$= \frac{32}{640} \times 18 \text{〔時間〕} = \mathbf{0.9} \text{〔時間〕}$$

と算出できるんだ。

《 POINT **10** 》 体細胞分裂の観察

数多くの固定した細胞において,
◎各時期にある細胞数は,その時期を通過するのに要する時間に比例する。

問題 **1**　　**体細胞分裂** ★★★

次の図 a ～ e は,ある生物の体細胞を模式的に描いたものである。

　　　a　　　　　b　　　　　c　　　　　d　　　　　e

問1　この細胞は,動物と植物のどちらのものか。
問2　a ～ e を,細胞分裂が進行する順序(間期から)に並べると,どのようになるか。
問3　染色体(DNA)が複製されるのは,図 a ～ e のどの時期か。

〈オリジナル〉

═══ 《《 ✓解　説 》》 ═══

問1　d で**細胞板**が見られ,極に**星状体がない**ことから,この細胞は植物細胞だ。

問2　a は,染色体が凝縮を始めているので前期。b は,染色体が分離しているので後期。c は,染色体が核内に分散しているので間期。d は,細胞板が見られるので終期。e は,染色体(の動原体)が赤道面に並んでいるので中期だ。

問3　染色体(DNA)が複製されるのは**間期**だったよね。だから c が正解だ。

═══ 《《 ✓解　答 》》 ═══

問1　植物　　問2　c → a → e → b → d　　問3　c

　タマネギのりん茎を水栽培して発根させた。根の先端を含む部分を切り取り，固定したのち，細胞どうしが離れやすくなるように，希塩酸で処理した。さらに水洗いしたのち，根の先端の一部をメスで切り出し，スライドガラスにのせた。切り出した部分を酢酸カーミンで染色し，カバーガラスをかけて押しつぶしたのち，顕微鏡で観察した。

　細胞を500個観察し，核の特徴から5群に分類したところ，下表の結果が得られた。

分類群	細胞数	核　の　特　徴
1	400	明瞭な核小体が見られ，糸状の染色体は見られない。
2	85	糸状の染色体が見られ，核小体は見られない。
3	8	核小体は見られず，太い染色体が細胞中央に並んでいる。
4	5	染色体の2つの集団に，それぞれ核小体が見られる。
5	2	**分類群3**に比べて，染色体が細く，その数は2倍である。

問1　表の**分類群1～5**のうちから，分裂期に相当するものを，前期・中期・後期・終期の順に並べなさい。

問2　別の実験から，根の細胞が分裂期を通過するのに，平均5.0時間かかることがわかった。ある時期に分類される細胞数は，その時期を通過するのにかかる時間に比例すると仮定すると，中期を通過するのに何時間かかると推定できるか。最も適当なものを，次の①～⑤から一つ選びなさい。

① 4.3時間　　② 4.0時間　　③ 0.85時間

④ 0.4時間　　⑤ 0.25時間

〈センター試験・改〉

問1 　分類群1 ➡ **間期**，分類群2 ➡ **前期**，分類群3 ➡ **中期**，分類群4 ➡ **終期**，
　　　分類群5 ➡ **後期**であることはわかったかな？　あとは，間期以外の分裂期を
　　　順に並べるだけだよね。

問2 　問題文にもあるとおり，"ある時期に分類される細胞数は，その時期を
　　　通過するのにかかる時間に比例する"ことを利用する。**分裂期の長さに対す**
　　　る中期の長さは，分裂期の細胞数に対する中期の細胞数とみなすことができ
　　　るのだから，

$$中期の長さ = \frac{中期の細胞数}{分裂期の細胞数} \times 分裂期の長さ$$

$$= \frac{8}{85+8+5+2} \times 5.0 〔時間〕$$

$$= 0.4 〔時間〕$$

体細胞分裂全体の長さ
ではなく，分裂期の長
さだけであることに注
意しよう。つまり，間
期は含まないよ。

《 ✓ 解答 》

問1 　前期 − 2 → 中期 − 3 → 後期 − 5 → 終期 − 4 　　問2 　④

STORY 3 　染 色 体

1 　分裂期における染色体の形状の変化 ＞ ★★☆

"糸状の染色体"とか"太く短い染色体"とか，言いますが，
染色体って，本当はどんな形をしているのですか？

　染色体は，DNAという細くて長い分子がタンパク質と結びついたもので，
その形状は分裂の時期によって変化する。そのため，決まった形というものは
ないんだよ。
　DNAには遺伝情報が記録されているため，細胞が分裂するときには，複製
されたものが，娘細胞に正確に分配されなければならない。DNAは長い糸状

の分子だから，分配のときに絡まったり，切れたりしないように，巻き取られてコンパクトにまとめられる。これが，前期から中期に見られる "**太くて短い染色体**" なんだ。

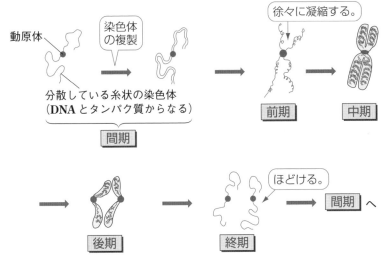

■細胞分裂と染色体の形状の変化

STORY 4 　細胞分裂とDNA量の変化

　細胞分裂では，生命の設計図であるDNAが，娘細胞にきちんと分配されなければならない。そこで，まずDNAが複製されたあと，DNAが絡まったりしないように染色体構造になって，それが分離するしくみになっている。

　ここでは，体細胞分裂にともなってDNA量がどのように増減するのかをみてみよう。

1 　体細胞分裂とDNA量の変化 ＞★★★

　分裂から次の分裂までの1サイクルを細胞周期といい細胞周期には次の4つの時期があったよね（▶P. 93）。

　間期には，G_1 期・S 期・G_2 期があり，**S 期の細胞**を顕微鏡で見ると休んでいるようにみえるけど，じつは休んでいるのではなく，**さかんにDNAが複製**

（合成）されているんだ。S期にはDNAが複製されてDNA量が体細胞の2倍になり，分裂期（M期）の後期に染色体が中央から分かれて，両極へ移動する。このときは細胞あたりのDNA量は2倍だが，終期に細胞質が分裂すると，G_1期に移り，もとと同じ量にもどる。

- ●G_1期 ➡ **DNA合成準備期**
- ●**S 期 ➡ DNA合成期**…DNAが複成され，徐々に増えていって倍加する（DNAの複製）。
- ●G_2期 ➡ **分裂準備期**
- ●**M期 ➡ 分裂期**…染色体がはっきり観察できる。前期・中期・後期・終期に分けられる。

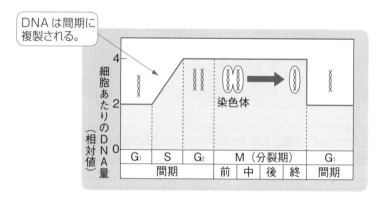

■体細胞分裂とDNA量の変化

POINT⑪ DNAの複製

◎DNAの合成は間期に行われる。

発展 相同染色体

中期に見られる染色体の数や形・大きさなどの特徴は，生物の種によって一定で，1 個体の体細胞ではすべて同じなんだ。なぜなら，個体を構成するすべての体細胞は，たった 1 個の受精卵から体細胞分裂によってつくられたものだからだ。

たいていの生物では，中期の染色体を観察すると，**同じ大きさ，同じ形の染色体が 2 本ずつあること**がわかる。

■いろいろな生物の染色体数

	生 物 名	体細胞の染色体数
動物	キイロショウジョウバエ	8
	ヒト	46
植物	エンドウ	14
	イネ	24

どうして，同じ染色体が 2 本ずつあるんだろう？

2 本のうちの一方は父親から，もう一方は母親から受け継がれたものだからだ。この対になる染色体のことを相同染色体（そうどうせんしょくたい）という。"相同染色体" という言葉は，1 本の染色体に対して使うことはない。それは，1 人の男性を指して "夫婦" と言わないのと同じことだよ。

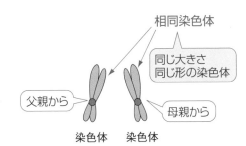

相同染色体
同じ大きさ同じ形の染色体
父親から
母親から
染色体　染色体

▶相同染色体 ➡ 同じ大きさ・形の 2 本の染色体
　一方は父親から，もう一方は母親から受け継いだもの

　図は，あるほ乳類の培養細胞の集団から6000個の細胞を採取して，細胞あたりのDNA量を測定した結果である。次の文章中の　ア　～　ウ　に入れるのに適当なものを，下の①～⑥から一つずつ選びなさい。

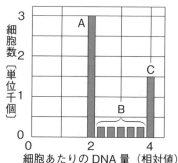

　図の棒グラフの　ア　はDNA合成の時期の細胞である。　イ　は，DNA合成のあと分裂期開始までの時期と分裂期の両方の時期の細胞を含む。

　　ウ　は分裂期のあと次のDNA合成開始までの時期の細胞である。

①　A　　　　　②　B　　　　　③　C
④　A＋B　　　⑤　A＋C　　　⑥　B＋C

〈センター試験・改〉

✓ 解説

　図の横軸が細胞周期のグラフの縦軸と重なるよね（下図）。これを見れば，図のA，B，Cの細胞群がそれぞれどの時期にあるかわかるよ。

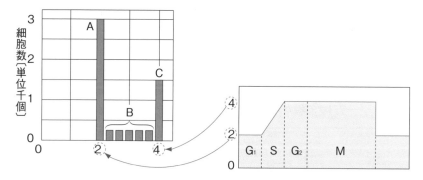

つまり，

A は G₁ 期（分裂期のあと次の DNA 合成開始までの時期）の細胞（**ウ**），

B は S 期（DNA 合成の時期）の細胞（**ア**）で，

C には G₂ 期（DNA 合成のあと分裂開始までの時期）と M 期（分裂期）の両方の時期の細胞（**イ**）が含まれているんだ。

═══════════ ☑ 解答 ═══════════

ア−②　　　イ−③　　　ウ−①

チェックしよう！

☐❶　DNA の二本鎖のそれぞれを鋳型として新しい鎖が合成され，もとの鎖と新しい鎖で二本鎖が形成される複製様式を何というか。

☐❷　次の体細胞分裂の過程を正しい順に並べよ。

　　1．染色体が赤道面に並ぶ。

　　2．核膜・核小体が消失する。

　　3．染色体が縦裂面で分離し，両極へ移動する。

　　4．核膜・核小体が現れる。細胞質分裂が始まる。

☐❸　植物細胞の細胞質分裂時に見られ，動物細胞では見られない構造は何か。

☐❹　DNA が複製されるのは，間期・前期・中期・後期・終期のいずれか。

☐❺　細胞分裂から次の分裂までの 1 サイクルを何というか。

☐❻　G₁ 期・S 期・G₂ 期・M 期のうち，間期に含まれるものをすべて答えよ。

═══════════ ☑ 解答 ═══════════

❶半保存的複製　❷2→1→3→4　❸細胞板　❹間期　❺細胞周期
❻G₁ 期・S 期・G₂ 期

遺伝情報の発現

▲遺伝子は暗号

STORY 1 遺伝情報とタンパク質

1 遺伝子の発現 ＞★★☆

　遺伝子がはたらくとはどういうことだろう？

　この疑問に対する答えは，「**遺伝子がはたらくとタンパク質がつくられる**」だ。

　タンパク質には**生体をつくるタンパク質**のほかにも，酵素のように**機能をもったタンパク質**があるよね。タンパク質のはたらきによって，タンパク質以外の物質が合成されるし，生命活動が維持されているんだ。

　だから，遺伝子は，タンパク質をつくることによって，生体を構成しているタンパク質部分はもちろん，タンパク質ではない部分の形質（生物がもつ特徴）までも支配しているんだ。

　遺伝子がはたらくことを**遺伝子の発現**といい，それが形質に現れることを形質の発現というよ。

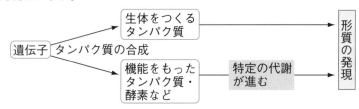

タンパク質の構造

1 タンパク質の構造とアミノ酸 ★★★

　タンパク質は，多数のアミノ酸（さん）が鎖状につながった巨大な分子だ。タンパク質をつくる**アミノ酸は20種類**あり，どのようなアミノ酸がどんな順序で，いくつ並ぶかによって，さまざまなタンパク質ができるんだ。

　では，アミノ酸とはどういうものなのか。次の図を見てほしい。アミノ酸を人間の体に例えてみるとわかりやすいよ。"胴体"部分が炭素（C）で，片方の"手"を**アミノ基**（－ NH₂），もう一方の"手"を**カルボキシ基**（－ COOH）という。"顔"に相当するのが側鎖（さくさ）（Rと表す）といって，アミノ酸の種類によって違う。人の顔に個性があるのと同じように，アミノ酸の個性は側鎖で決まるんだ。

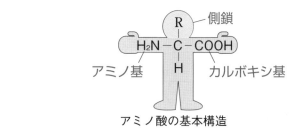

アミノ酸の基本構造

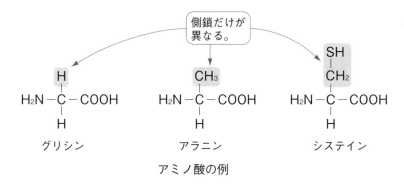

アミノ酸の例

■アミノ酸の基本構造とアミノ酸の例

隣り合うアミノ酸どうしは，それぞれのアミノ基とカルボキシ基で"握手"するようにして，結合をつくる。この結合を**ペプチド結合**というんだ。**ペプチド結合が結ばれるときには，水（H_2O）1分子がとれる。**

　逆に，ペプチド結合を切るには，水1分子を間にはさめばいいんだ。

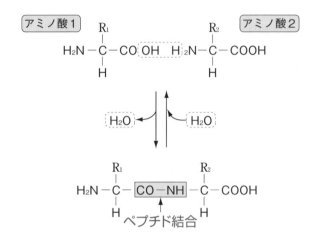

■アミノ酸の結合

▲水によって，ペプチド結合は切れたり，つながったりする。

　アミノ酸は，ペプチド結合をくり返すことによって，鎖のようにいくつでもつながることができる。このようにしてできる，アミノ酸がたくさんつながった鎖を**ポリペプチド**とよぶ。

《POINT ⑫》 タンパク質の構造とアミノ酸

◎タンパク質はアミノ酸が多数結合した巨大な分子である。

◎タンパク質を構成するアミノ酸は20種ある。

◎アミノ酸どうしの結合（－CO－NH－）をペプチド結合という。

COLUMN コラム

タンパク質のネーミング

　タンパク質の名前には，ケラチンとかアクチンとかいうように語尾が-inで終わるものが多い。また，酵素の場合には，語尾が-aseとなっているものが多い。

　新しいタンパク質を発見あるいは合成したときには，発見者がタンパク質の名前を自由につけることができる。たいていは上の法則に従ってネーミングされるんだけど，ある日本人が新しいタンパク質をつくり，ユニークな名前をつけたことが話題になったことがあった。その名前は「ドロンパ（Dronpa）」。

　サンゴからとった光るタンパク質を遺伝子改造して，光らせたり消したりを自由にできるようにしたものだ。"ドロン"と消えて，"パッ"と光るという名前の由来は，世界的に有名な学術論文雑誌『ネイチャー』でも紹介されたんだよ。

2 タンパク質の立体構造 ＞★☆☆ 発展

　ポリペプチドは，部分的にたいてい決まった構造をとる。ぐるぐるとバネのようにらせんを描く α（アルファ）ヘリックス構造と，平らなシートがびょうぶのように折れ曲がった β（ベータ）シート構造で，これらを二次構造という。これらの構造は，離れたところにあるペプチド結合どうしが，弱い力（水素結合という）で引っぱり合うことによってつくられる。

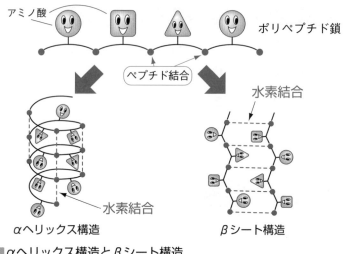

■αヘリックス構造とβシート構造

　さらに，αヘリックス構造やβシート構造がいくつか組み合わさり，大きく折れ曲がることで，ポリペプチドは複雑な立体構造（三次構造）をとる。この大きな折れ曲がりを保つのが，アミノ酸のシステインの側鎖（−SHをもつ）どうしで結ばれる**S−S結合**（ジスルフィド結合）だ。

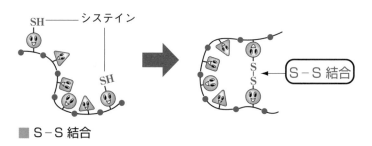

■S−S結合

　タンパク質のなかには，1本のポリペプチド鎖でできているものもあれば，複数のポリペプチド鎖が組み合わさってはじめて機能するものもある。たとえば，ヘモグロビンは，α鎖とβ鎖という2種類のポリペプチド鎖が2本ずつ集まってできている。このような構造を四次構造というよ。

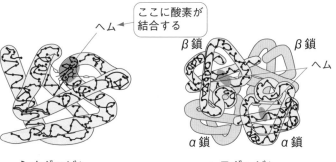

ミオグロビン

1本のポリペプチド鎖からなる。筋肉細胞中に存在し，血液から酸素を受け取る。

ヘモグロビン

4本のポリペプチド鎖からなる。ちょうどミオグロビンが4つ組み合わさったような形をしている。

《 POINT ⑬ 》 タンパク質の立体構造

◎タンパク質は，分子内の水素結合や S―S 結合によって，複雑な立体構造をとる。

◎複数のポリペプチド鎖が組み合わさって，はじめて機能するタンパク質がある。

STORY 3 タンパク質の合成

1 遺伝子からタンパク質が合成されるまで ＞★★★

　DNA がはたらくと酵素などのタンパク質がつくられるというのは，P. 106で説明したとおりだけど，じつは，DNA から直接タンパク質がつくられるわけではないんだ。

　真核細胞の場合，まず核内で DNA の情報が，DNA に似ているけどちょっと違う **RNA** という分子に写し取られる（この過程を転写という）。そして，その RNA が核の外に出てリボソームとくっつき，そこで**遺伝情報をもとにタンパク質が合成される**んだ（この過程を翻訳という）。

ちょっと話がややこしいので，これを次のように例えてみよう。

> 染色体 ➡ ビデオカセット
> DNA ➡ 磁気テープ（いくつもの番組が録画されている）
> RNA ➡ DVD
> リボソーム ➡ DVD プレーヤー

とすると，

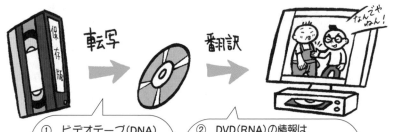

① ビデオテープ（DNA）の情報を必要な部分だけ DVD（RNA）に写し取る。

② DVD（RNA）の情報は DVD プレーヤー（リボソーム）のはたらきで，意味のある映像や音声（タンパク質）に変換される。

▲転写，翻訳って，つまりこういうこと

 ビデオテープからじかに，映像を映せばいいのに！なぜ，転写が必要なの？

　染色体（1本のビデオカセット）には，たくさんの遺伝子（番組）があるので，その中から，特定の遺伝子だけを選んで，複数の RNA（DVD）にコピーすることで，同時にたくさんのタンパク質をつくることが可能になるんだ。

　また，RNA（コピー）なら，切ったりはったりといった編集作業（▶P. 120，スプライシングという）が行われても，もとの DNA（ビデオテープ）には何の変更もなく，もとのまま保存できるという利点もある。

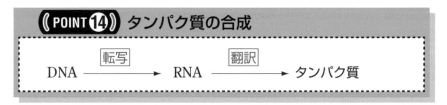

((POINT ⑭)) タンパク質の合成

$$DNA \xrightarrow{\quad \boxed{転写} \quad} RNA \xrightarrow{\quad \boxed{翻訳} \quad} タンパク質$$

　このように遺伝情報は基本的に，**DNA → RNA → タンパク質**へと一方向に

進む。この原則を**セントラルドグマ**というよ。

2 RNA ＞ ★★★

RNA も DNA と同様に**ヌクレオチドからなる鎖状の分子**だ。RNA は正式名称を**リボ核酸**という。これは糖がリボースであることに由来しているんだ。

RNA も DNA と同じように，基本的に 4 種類の塩基をもっている。

でも，**DNA のチミン（T）は RNA にはなく，かわりにウラシル（U）をもつ**点が異なるので注意しよう。

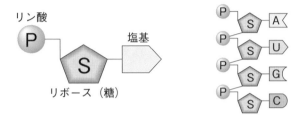

■ DNA と RNA の違い

	DNA	RNA
所　在	核内	核内と細胞質
糖	デオキシリボース	リボース
塩　基	A, G, C, T	A, G, C, U
形　状	2 本鎖	1 本鎖

さらに，RNA はその役割から 3 種類に分けられる。

mRNA（伝 令 RNA）➡ DNA の塩基配列を写し取り，リボソームに遺伝情報を届ける。

tRNA（転 移 RNA）➡ アミノ酸を 1 つ結合して，リボソームまで運んでくる。

rRNA（リボソーム RNA）➡ タンパク質とともにリボソームを構成する。

次に，これらの 3 種類の RNA のそれぞれのはたらきを，タンパク質の合成の過程にしたがってみていくことにしよう。

3 転写（DNA→mRNA）＞★★★

❶ DNAの2本鎖がほどけて，1本鎖になる。

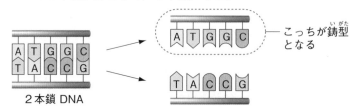

こっちが鋳型（いがた）となる

2本鎖 DNA

❷ 一方の鎖が鋳型（いがた）となって，RNAの材料となるヌクレオチドが弱く結合（水素結合）する。このとき，塩基の相補性に従って，$A \rightarrow U$，$G \rightarrow C$，$C \rightarrow G$，$T \rightarrow A$ というように，決まった相手とだけ結合する。

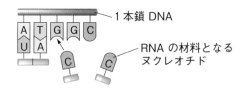

1本鎖 DNA

RNAの材料となるヌクレオチド

❸ 酵素（RNAポリメラーゼ）のはたらきで，隣りどうしのヌクレオチドが連結されていく。

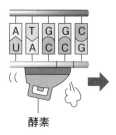

酵素

❹ できたRNA鎖はDNAから離れて，編集（スプライシング▶P. 120）されたあとmRNAとなって，核から出ていく。

RNA 鎖 → 編集 → mRNAとして核の外へ

真核生物の場合，RNAポリメラーゼによってつくられたばかりのRNA鎖は
mRNAとはよばない。それは，このあとにスプライシングとよばれる編集作
業が続くからなんだ。

((POINT⑮)) 転　写

◎転写で見られる塩基の相補性

DNA	A	G	C	T
	↓	↓	↓	↓
mRNA	U	C	G	A

P. 90で学んだ「DNAの複製」と「転写」の違い
がよくわからないなぁ。

まず，DNAの複製は，DNAを鋳型にしてDNAがつくられるけど，**転写は
DNAを鋳型にしてRNAがつくられる**点が違うよね。

また，DNAの複製では，DNAの全域にわたって，2本鎖ともが鋳型となる
けど，転写は，**DNAの一部の領域だけ，しかも2本鎖のうちの一方だけが鋳
型となる**というところが違うよ。

4　翻訳（mRNA→タンパク質）〉★★★

❶　mRNAは細胞質にあるリボソームとくっつく。リボソームは，タンパ
ク質とrRNAからできたダルマ形の細胞小器官だ。

❷　tRNAがリボソーム上にアミノ酸を運んでくる。tRNAはクローバー形
の分子で，鎖の端にアミノ酸を1つ結合しているのが特徴だ。

次のページで説明するけど，遺伝情報は，**核酸の塩基3つで1つのアミ
ノ酸を指定するしくみになっている**。mRNAの3つ組み塩基をコドンと
いい，このコドンに相補的な3つ組み塩基（アンチコドンという）をもつ
tRNAが，リボソームにやってくる。つまり，塩基の相補性がここでも発
揮されるんだ。

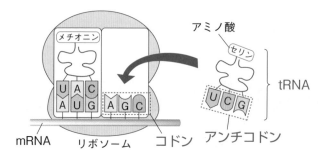

❸ リボソーム上で隣り合ったアミノ酸どうしが，**ペプチド結合**で連結される。この反応を触媒するのは**リボソーム**だ。

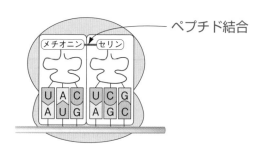

❹ リボソームは，mRNA のレールの上を塩基 3 つ分だけ移動する。tRNAはアミノ酸を切り離し，リボソームから離れていく。

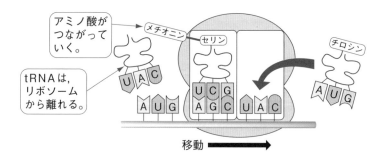

❺ ❷～❹をくり返し，アミノ酸の鎖が伸びていく。

《 POINT ⑯ 》 翻　訳

◎翻訳はリボソームで行われる。

◎tRNA がアミノ酸をリボソームにまで運んでくる。

5　遺伝暗号 〉★★★　発展

　前ページでもいったけど，**遺伝情報は，核酸の塩基3つで1つのアミノ酸を指定する**しくみになっている。mRNA の塩基3つの組み合わせでつくられる64通りの遺伝暗号が，どのアミノ酸に対応するのかは，1968年までにすべて明らかになった。次の表がその成果だ。これを**コドン表**（遺伝暗号表）というよ。

■コドン表

1番目の塩基	2番目の塩基				3番目の塩基
	U	C	A	G	
U	UUU UUC } フェニルアラニン UUA UUG } ロイシン	UCU UCC UCA UCG } セリン	UAU UAC } チロシン UAA UAG } (終止)	UGU UGC } システイン UGA (終止) UGG トリプトファン	U C A G
C	CUU CUC CUA CUG } ロイシン	CCU CCC CCA CCG } プロリン	CAU CAC } ヒスチジン CAA CAG } グルタミン	CGU CGC CGA CGG } アルギニン	U C A G
A	AUU AUC AUA } イソロイシン AUG メチオニン(開始)*	ACU ACC ACA ACG } トレオニン	AAU AAC } アスパラギン AAA AAG } リシン	AGU AGC } セリン AGA AGG } アルギニン	U C A G
G	GUU GUC GUA GUG } バリン	GCU GCC GCA GCG } アラニン	GAU GAC } アスパラギン酸 GAA GAG } グルタミン酸	GGU GGC GGA GGG } グリシン	U C A G

　＊：AUG は，メチオニンに対応するとともに，タンパク質合成の開始を指定する開始コドンである。このメチオニンは，タンパク質合成の途中で切り離される。

　コドン表からわかることや読むときのポイントを，次のページにまとめておくよ。

❶　コドン表の塩基は **mRNA のコドンで示されている**。DNA や tRNA の塩基ではないので，注意しよう。

❷　表中の **UAA**，**UAG**，**UGA** は終止コドンとよばれ，アミノ酸を指定しないコドンだ。この暗号があると，対応する tRNA がないため，ペプチド鎖の合成がここで止まる。つまり，**翻訳の終止を意味する**んだ。

❸　**1つのアミノ酸に対して，何種類かのコドンが対応するものがある**。これは，3番目の塩基が変わっても，同じアミノ酸を指定することが多いためだ。

❹　この遺伝暗号は，**ほとんどすべての生物で共通**だ。したがって，ヒトの遺伝子を大腸菌に組み込んで，ヒトのタンパク質をつくらせる，なんてこともできるんだ。

問題 **❶**　　**◉転写と翻訳**　★☆☆

　　DNA のもつ遺伝情報は，まず伝令RNA（mRNA）の合成に際して転写される。その情報にしたがって，定まったアミノ酸が連なって特定のタンパク質が合成される。下図はそれら一連の関係を模式的に示したものである。

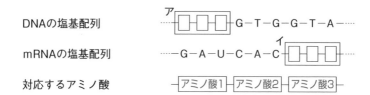

　図中の**ア・イ**の部分に相当する塩基配列を答えなさい。

〈オリジナル〉

アの部分は，DNA の塩基配列の一部だ。この部分から転写される mRNA の配列が GAU なので，これと相補的な塩基配列を考えればよく，**CTA** となる。

イの部分は，DNA の塩基配列 GTA から転写される mRNA を考えればよく，**CAU** となる。DNA の A と相補的な塩基は，RNA では T ではなく，U であることに注意しよう。

ア− CTA　　　**イ**− CAU

6　転写と翻訳の実際 ＞★☆☆　発展

①　原核細胞の転写と翻訳

大腸菌など原核生物の細胞には，核膜でしきられた核がない。そのため，原核生物では**転写と翻訳が同時に起こる**。つまり，転写途中の mRNA にリボソームがくっついて，翻訳を始めてしまうんだ。

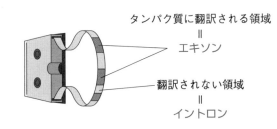

原核細胞では，転写によってつくられた RNA は何の加工・編集もされず，そのまま mRNA として翻訳されるんだ。

②　真核細胞の転写と翻訳

真核生物の DNA には，原核生物とは違った特徴がある。それは原核生物の DNA が，ほとんどムダなくタンパク質に翻訳されるのに対して，真核生物の DNA は，**翻訳される領域**はほんの一部で，**残りのほとんどは翻訳されない**ってことなんだ。DNA をビ

デオテープに例えると，意味のある映像などの情報が飛び飛びに記録されているようなイメージだね。

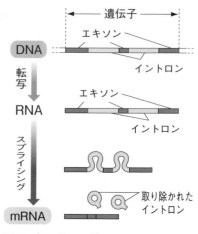

■スプライシング

このような，DNA上の翻訳される領域を**エキソン**，翻訳されない領域を**イントロン**というんだ。

真核細胞では，まずエキソンもイントロンもいっしょに転写されてRNAがつくられる。そして，**RNA上で不必要なイントロンに対応する部分が取り除かれ，エキソンに対応する部分がつなぎ合わされる**という過程を経るんだ。

この過程は，映画のフィルムを切ってつなげる編集作業に似ていることから，**スプライシング**とよばれるんだ。

スプライシングを終えたRNAが**mRNA**として，核の外に出てリボソームにくっつく。そして翻訳の過程へと続くんだ。

発展 遺伝子突然変異

ここまで見てきたように，DNAの塩基配列はタンパク質の設計図といえる。だから，何らかの理由でこの設計図が変化した場合，その遺伝子をもとにつくられるタンパク質も変化してしまうことがあるんだ。

DNAの塩基配列が変化することを遺伝子突然変異といい，塩基配列の変化には**置換**，**欠失**，**挿入**の3種類がある。

ヒトの鎌状赤血球貧血症は，血液中の酸素が少なくなると赤血球が鎌状に変形し，これが毛細血管内でつまることで重度の貧血を起こす遺伝病だ。これはヘモグロビン遺伝子に突然変異が生じ，1個の塩基が置換したことに起因している。たった1個の塩基の置換により，1つのアミノ酸が別のアミノ酸に置き換わり，ヘモグロビンの性質が変わってしまうんだ。

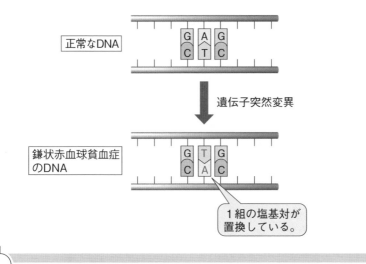

正常なDNA

遺伝子突然変異

鎌状赤血球貧血症
のDNA

1組の塩基対が
置換している。

STORY 4　ゲノムと遺伝子の発現

1　ゲノムとは 〉★★★

　ヒトの場合，1つの体細胞の中には染色体が46本ある。これが減数分裂によって生殖細胞（卵や精子）がつくられるときに23本に半減する。この23本の染色体は，すべて異なるもので，相同染色体の一方は含まれない。

　ある生物の生殖細胞に含まれるすべての遺伝情報を**ゲノム**という。「ゲノム（genome）」は，「遺伝子（gene）」と「総体（-ome）」あるいは「染色体（chromosome）」を組み合わせた造語で，もともと「**ある生物がその生物であるために必要なすべての遺伝情報**」という意味をもつ。

う〜ん，わかるような，わからないような…。

　無理もないよ。ゲノムという言葉を正確に理解することは，とても難しいことなんだ。ここでは，例えを交えて説明していくので，しっかり理解しよう。
　まずは，「遺伝情報」という意味からいこう。「情報」とは，簡単に言うと「意

味」のことだ。「情報」を「物質」との対比で考えると，理解しやすいと思う。

　たとえば，ここに2枚のCD（コンパクトディスク）があったとしよう。一方はベートーヴェンのCDで，もう一方はビートルズのCDだ。でも，この2枚はラベルが隠されているため，見ただけではどちらがどちらかはわからない。

　この状態で，2枚のCDを見分けるために，ディスクの直径を測ったり，重さを比べたり，素材を調べたりすることは無意味だよね。なぜならCDの素材となる「物質」は同じものだからだ。この2枚の違いは，ディスクに記録されている「情報」にある。だから，CDのデジタル情報を音に変換する装置＝CDプレーヤーにかけることで，2枚を区別することが可能となる。

ベートーヴェンのCD　　　　　　　　　　　　　　ビートルズのCD

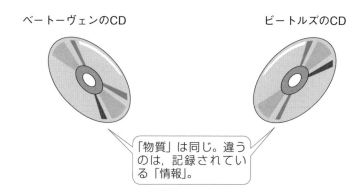

「物質」は同じ。違うのは，記録されている「情報」。

　この「情報」と「物質」の関係に相当するのが，「ゲノム」と「DNA」だ。たとえば，ヒトとゴリラの違いは，両者のゲノムに違いがあるからで，遺伝物質としてのDNAは同じだ。ここで注意してほしいのは，ヒトとゴリラの“DNAは同じ”という意味だ。決して“遺伝情報が同じ”と言っているわけではない。“化学物質としてのDNAは同じものだ”ということなんだ。ヒトとゴリラは，遺伝物質として同じDNAを用いているけど，その塩基の並び方（A，T，G，Cの並び順）に違いがある。この**DNAの塩基の並び方（塩基配列）こそが，遺伝情報＝ゲノム**というわけだ。このゲノムの違いが“ヒト”と“ゴリラ”の違いを形づくっていると言っていい。

ヒト

ゴリラ

> DNAという「物質」は同じ。違うのは
> DNAの塩基の並び方（遺伝情報＝ゲノム）。

> DNAの塩基の並び方が違うだけで，"ヒト"になったり"ゴリラ"になったりするというのが不思議です。どうしてですか？

　塩基の並び方が違うということは，遺伝子に違いが生じることになる。遺伝子の違いは，合成されるタンパク質の違いを生み出す。このような違いの積み重ねが生物種の違いになるんだ。

2　ゲノムと遺伝子 〉★★★

> 「ゲノム」は「遺伝子」が集まったものと考えていいんですか？

　いや，「ゲノム」と「遺伝子」は違うものだよ。「**遺伝子**」とは，**タンパク質の設計図となる領域だけを指す言葉だ。「遺伝子」は「ゲノム」の一部に過ぎない。ヒトの場合，「遺伝子」は約22000個あり，その領域をすべて合計しても「ゲノム」の1.5%ほどしかないんだ。**

> 「ゲノム」の「遺伝子」じゃない部分は何をしているのですか？

第1編　生物の特徴

第2編　遺伝情報とDNA

第3編　生物の体内環境の維持

第4編　生物の多様性と生態系

まだ完全にはわかっていないんだけど，多くの領域が「遺伝子」の発現をコントロールしていると考えられている。また，昔（ヒトになる以前）は遺伝子として働いていたけど，今ははたらきを失った遺伝子の残骸や，特定の塩基配列がくり返されるだけの無意味な配列なども見つかっているよ。

《POINT⑰》 ゲノムと遺伝子

◎ゲノム ➡ ある生物の生殖細胞（卵や精子）に含まれるすべての遺伝情報。その実態は，DNAの塩基の並び方

◎遺伝子 ➡ タンパク質の設計図となる（アミノ酸配列を決める）領域。ヒトでは約 22000 個あり，ゲノムの約 1.5%を占める。

3　ゲノムの大きさ 〉★★☆

　その生物の生殖細胞の全DNAの塩基対の数を，ゲノムの大きさ（ゲノムサイズ）という。塩基対とは文字どおり，塩基の対（AとT，GとC）の数だ。塩基対の数は，DNAの一方の鎖に含まれる塩基の数と一致する。たとえば，5塩基対の長さのDNAには，10個の塩基が含まれる。

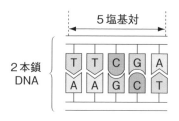

5塩基対

2本鎖
DNA

T	T	C	G	A
A	A	G	C	T

　ゲノムの大きさは，生物種によって異なる。ちなみに，ヒトのゲノムの大きさは約30億塩基対だ。この30億塩基対あるDNAが23本の染色体に分かれて存在している。

　ここでゲノムをイメージしやすいように整理することにしよう。卵や精子など生殖細胞の核には，相同染色体を含まない23本の染色体つまりDNAが含まれる。これを全部1本につなげたとすると約1mのDNAになる。このDNA

の塩基の並び方を 1 組のゲノムとする。そして，その中に22000個の遺伝子が散らばって存在していて，その領域は全体の1.5%を占める。

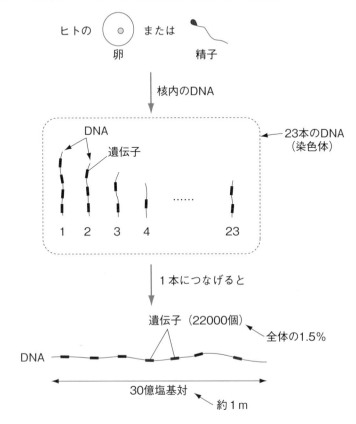

　参考までに，次のページの表にほかの生物のゲノムサイズと遺伝子数を載せておくよ。一般に，原核生物よりも真核生物のほうがゲノムは大きいけど，必ずしもゲノムが大きいほど高等生物であるとは限らないということも知っておこう。

■いろいろな生物やウイルスのゲノムサイズと遺伝子数

生物やウイルス	ゲノムサイズ（塩基対数）	遺伝子数
ファージ（ウイルス*）	48000	50
大腸菌	460万	4200
酵母菌	1200万	6000
センチュウ	9700万	20000
シロイヌナズナ	1億3000万	27000
ヒト	30億	23000
コムギ	170億	120000

＊ウイルスは生物ではない。

4 受精卵のゲノム ＞★★★

　卵や精子はそれぞれ1組のゲノムをもつ。したがって，卵と精子が受精すると，卵を通して母親から受け継がれるゲノムと，精子を通して父親から受け継がれるゲノムが合わさるため，受精卵のゲノムは2組になり，ヒトの場合，DNA（染色体）は46本（23組の相同染色体のペア）になる。

> ということは，受精すると遺伝子の数も44000個になるんですね。

　理屈の上ではそうなるけど，遺伝子の数は受精後も変わらない，つまり，22000個のままと考えるんだ。遺伝子はタンパク質の設計図となる領域だったよね。だから，遺伝子の数は，その生物がつくるタンパク質の種類と考えることができる。ヒトなら，22000種類のタンパク質からできているというわけだ（実際には，スプライシングのやり方などにバリエーションがあるため，もっと種類は多くなる）。じつは，母由来のゲノムに含まれる遺伝子と，父由来のゲノムに含まれる遺伝子は，わずかな違いがあるものの，ほとんど同じものなんだ。つまり，受精卵の44000個の遺伝子は，2個ずつ同じ遺伝子が22000種類あるということだ。ふつう，**遺伝子の数という場合，その生物がつくることのできるタンパク質の種類数という意味で使われる**ため，遺伝子数は生殖細胞でも受精卵でも同じと考えるんだ。

母由来の遺伝子と，父由来の遺伝子にはわずかな違いがあるということですが，具体的にどれくらい違うのですか？

　遺伝子に限らずゲノム全体でいうと，約1000塩基に1個の違い（0.1%）があると言われているよ。これが，自分と他人とを分けるラインだね。ちなみに，ヒトとチンパンジーではゲノムに2％ほどの違いがあると言われている。

5　体細胞のゲノム 〉★★★

　皮膚や筋肉，脳など私たちの体をつくる細胞を**体細胞**という。37兆個あると言われている体細胞は，すべて1個の受精卵から体細胞分裂によって生じたものだ。体細胞分裂では，ゲノムがコピーされて娘細胞へ分配されるので，**体細胞はどれも，受精卵と同じゲノムをもつことになる**。また，**基本的にゲノムは一生変わることがない**ので，個人を特定するときの情報としても利用されている。たとえば，血液に含まれる白血球や，毛の毛根の細胞からDNAを採取して，個人を識別したり，親子関係を調べたりすることができるんだ。

指紋みたいなものですね。　でも，ちょっと怖い気がする。

　個人のゲノムは，究極の個人情報と言われている。それだけに取り扱いには注意が必要だ。
　ゲノムの利用は個人の特定だけにはとどまらない。大勢の人のゲノムを集めて互いに比較することで，その人の体質を調べることができると考えられている。たとえば，将来かかりやすい病気がわかったり（**遺伝子診断**），薬の効きやすさを予測したりできると言われている。このような予測が正確にできるようになると，個人に最適化した**オーダーメイド医療**が可能になると言われているんだ。

◎受精卵はゲノムを2組（母由来のゲノムと父由来のゲノム）もつ。

◎個体を構成するすべての体細胞のゲノムは同一である。

◎個体のゲノムは，一生変わらない。

◎大勢の人のゲノムの比較から，遺伝子診断やオーダーメイド医療が可能になっている。

STORY 5　細胞の分化と遺伝子の発現

1　細胞の分化 > ★★★

　受精卵が体細胞分裂をくり返して細胞数を増やしていく過程で，**細胞が特定のはたらきや形をもつようになる**ことを分化という。分化した細胞では，それぞれに異なったタンパク質がつくられている。たとえば，眼の水晶体の細胞はクリスタリンというタンパク質をつくるし，筋肉の細胞はミオシンやアクチンといった筋肉に特有のタンパク質をつくる。

体細胞はどれも同じゲノムをもっているはずなのに，
それぞれ異なるタンパク質をつくるのはどうしてですか？

　それは，**細胞ごとにはたらく遺伝子が異なっている**ためだよ。細胞が分化する過程で，はたらく遺伝子とはたらかない遺伝子が決まっていく。そのため，細胞ごとにつくられるタンパク質に違いが生じるんだ。

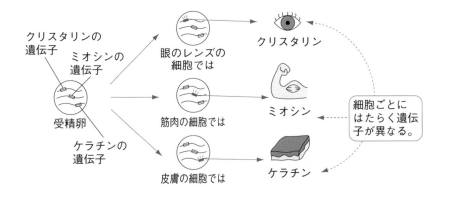

2 分化と全能性 ＞★★☆

"分化した細胞も受精卵と同じゲノムをもっている" ということを実験で証明したのがガードン（イギリス）だ。

❶ アフリカツメガエルの未受精卵に紫外線を照射して，核を壊す。

❷ 幼生（オタマジャクシ）の腸上皮細胞から核を取り出し，これを❶の卵に注入する。

❸ 核移植を受けた卵のなかに，正常に発生して成体にまでなるものがあった。

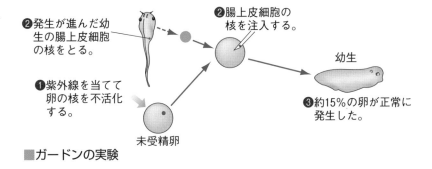

❷発生が進んだ幼生の腸上皮細胞の核をとる。

❷腸上皮細胞の核を注入する。

❶紫外線を当てて卵の核を不活化する。

未受精卵

幼生

❸約15％の卵が正常に発生した。

■ガードンの実験

この結果は、いったん腸に分化した細胞の核が、そのはたらきを捨てて（脱分化）、再び別の細胞や組織に分化（再分化）できることを示している。つまり、**一度分化した細胞も、個体をまるまるつくるだけの遺伝情報をもっている**ということなんだ。このような性質を核（あるいは細胞）の**全能性**というよ。

このことは、細胞は分化するとともに使わなくなった遺伝子を捨ててしまうわけではなく、分化した細胞ごとにはたらかせる遺伝子だけを変えているという証拠となるんだ。

《POINT⑲》全 能 性

◎全能性 ➡ 一度ある組織に分化した細胞が、再び別の細胞や組織に分化（再分化）して、完全な個体をつくる能力

問題 2 　ゲノム ★★★

近年、全遺伝情報を明らかにしようとする(a)ゲノムプロジェクトにより、(b)さまざまな生物のゲノムが解読されている。ゲノム内には遺伝子としてはたらく部分とはたらかない部分があり、遺伝子としてはたらく部分では、その遺伝情報に基づいてタンパク質が合成される。

問1 下線部(a)に関連して、次の文章中の ア ～ ウ に入る数値として最も適当なものを、下の〔数値〕から一つずつ選びなさい。

ヒトのゲノムは約 ア 塩基対の大きさをもち、遺伝子数は約2万と推定されている。精子や卵は イ 組、体細胞は ウ 組のゲノムをもつ。

〔数値〕　3億　　30億　　300億　　1　　2

問2 下線部(b)に関連する記述として最も適当なものを、次の①～④から一つ選びなさい。

① 個人のゲノムを調べて、病気へのかかりやすさや、薬の効きやすさなどを判断する研究が進められている。

② 個人のゲノムを調べれば、その人が食中毒にかかる回数がわ

かる。

③ 植物のゲノムの塩基配列がわかれば，枯死するまでに合成されるATPの総量がわかる。

④ 生物の種類ごとにゲノムの大きさは異なるが，遺伝子数は同じである。

〈センター試験・改〉

===《 ☑解説 》===

問1　単に「ゲノム」という場合，卵や精子に含まれる全DNAの塩基配列を指すのだから，ヒトのゲノムの大きさは**30億塩基対**で，これを**1組**と考えるんだ。そして，体細胞には**2組のゲノム**（母由来と父由来）が含まれるんだったよね。

問2　① これは遺伝子診断やオーダーメイド医療に関する記述だね（▶P.127）。これは**正しい**選択肢だ。

② ゲノムは一生変わることなく，病気にかかった回数を記憶するなどといったしくみはないよ。したがって，**誤り**だ。

③ 植物が枯死するまでに合成されるATPの総量は，光などの環境の影響が大きく，ゲノムは関係ないと考えられる。よって，**誤り**だ。

④ 生物の種類が異なれば，ゲノムの大きさも遺伝子数も異なるよ。したがって，**誤り**。

===《 ☑解答 》===

問1　アー30億　　イー1　　ウー2　　問2　①

3　パ　フ 〉★★☆

ユスリカやショウジョウバエなど（双翅目昆虫）の幼虫のだ腺（だ液腺）の細胞には，普通の染色体の100〜150倍の大きさもある巨大なだ腺染色体がある。

どうして，そんなに大きいんですか？

間期の**DNA**が複製をくり返して，そのまま分離することなく束になったためだよ。さらに，**相同染色体どうしがくっついている**（**対合している**）ため，そのぶん太くなるんだ。特定の細胞でみられる特殊な染色体だと考えてほしい。巨大なため顕微鏡観察に適しているんだ。

　だ腺染色体を染色すると，多数のしま模様が現れる。このしま模様のパターンは染色体ごとに決まっているので，遺伝子の位置や染色体の異常を知る手がかりとなるんだ。

だ腺染色体の特徴

● ふつうの染色体の100〜150倍の大きさがある。

● DNAが分離することなく複製をくり返すことでできる。

● 相同染色体が対合しているので，染色体数は半数（n）に見える。

● 染色により多数のしま模様が観察される。

　ショウジョウバエの幼虫のだ腺染色体を観察すると，ところどころに大きく膨らんだ部分が見られる。この部分は**パフ**とよばれ，染色体が部分的にほどけて遺伝子が活発にはたらいている部分なんだ。

　その証拠に，だ腺染色体を，メチルグリーン・ピロニン液（▶P. 41）で染色すると，パフの部分は**RNA**の存在を示す赤色に染まり，パフ以外の部分は**DNA**の存在を示す青緑色に染まる。つまり，**パフの部分ではRNAが合成され，転写が盛んに行われている**ということなんだ。

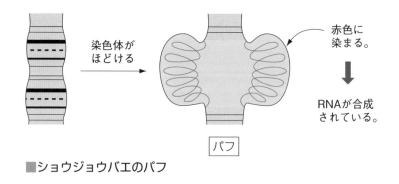

■ショウジョウバエのパフ

ショウジョウバエの幼虫がさなぎになるまでの間，特定のだ腺染色体の観察を続けると，発育段階に応じてパフの位置や大きさが変化していく。これは，**発生の段階に応じてはたらく遺伝子が決まっていて，順に異なる遺伝子が発現していることを示している**んだ。

　さらに，まだ幼虫の時期に，蛹化を促すホルモンを注射すると，蛹化の時期に見られるのと同じ位置にパフが現れる。これにより，ホルモンが遺伝子発現の調節にかかわっていると考えられるんだ。

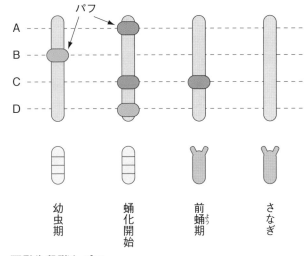

■発生段階とパフ

問1　ショウジョウバエやユスリカの幼虫を用いて、だ腺染色体を観察したい。この観察実験について適当なものを、次の①～⑤から二つ選びなさい。

① だ腺は頭部のあごの両側にあるので、メスで頭部を切り開いて取り出す。

② 柄つき針で頭部をおさえ、胴体をピンセットで引き離して取り出す。

③ ハサミで腹面を尾部から頭部方向に切り開いて取り出す。

④ だ腺染色体は分裂中の細胞でなくても観察できる。

⑤ だ腺染色体は分裂中の細胞のみで観察できる。

問2　だ腺染色体を観察すると、そのところどころの横じまが膨らんでいるのが見える。この膨らんだ構造をパフという。一般に、このパフは「遺伝子が活発にはたらいているところ」と考えられている。この考えを確かめるためには、どのような実験をしたらよいか。最も適当なものを、次の①～③から一つ選びなさい。

① 蛹化にかかわるホルモンの投与によって、新しいパフが出現するかどうかを調べる。

② DNAの合成がさかんに行われているかどうかを調べる。

③ RNAの合成がさかんに行われているかどうかを調べる。

〈センター試験・改〉

解 説

問1　①～③　幼虫はとても小さいので，メスやハサミで切り開くのは無理だよ。②のようにピンや柄つき針で頭部を固定して，ピンセットで胴体を引き離すんだ。すると，次の図のように頭部にだ腺がついて残るんだよ。

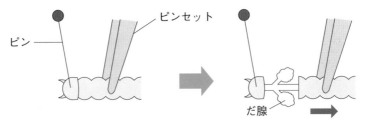

　　④，⑤　だ腺染色体は分裂中の細胞でなくても観察できる。したがって④が正解だ。

問2　①　蛹化にかかわるホルモンを投与すると，蛹化に関係する遺伝子が発現するため，その部分の染色体にパフが現れる。でも，そのことが，パフで遺伝子がはたらいているという直接の証拠にはならない。ホルモンとパフの関係がわかることと，パフと遺伝子発現の関係は別のものだよ。
　　②　DNA の合成は，遺伝子の発現とは言わない。単に DNA が複製されていることを示しているに過ぎない。
　　③　遺伝子が活発にはたらいている部分では，転写が盛んに行われるため mRNA がたくさんつくられる。だから，RNA の合成を調べることは，遺伝子発現の直接の証拠になるんだ。

解 答

問1　②，④　　問2　③

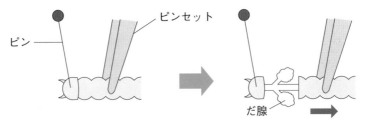

☑ ❶　タンパク質は20種類の ☐ が多数結合した高分子化合物である。

☑ ❷　カルボキシ基とアミノ基に間で結ばれるアミノ酸どうしの結合を何というか。

☑ ❸　DNAの遺伝情報がRNAに写し取られる過程を何というか。

☑ ❹　RNAの遺伝情報をもとにタンパク質が合成される過程を何というか。

☑ ❺　一般に，遺伝情報がDNA → RNA →タンパク質へと伝えられることを何というか。

☑ ❻　RNAにはDNAにはない塩基がある。それは何か。

☑ ❼　DNAから写し取った遺伝情報をリボソームに伝えるRNAを，とくに何というか。

☑ ❽　特定のアミノ酸を1つ結合し，これをリボソームまで運んでくるRNAを，とくに何というか。

☑ ❾　mRNAは連続する3塩基で1つのアミノ酸を指定する。この3塩基のことを何というか。

☑ ❿　ある生物がその生物であるために必要なすべての遺伝情報を何というか。

☑ ⓫　ガードンは，オタマジャクシの腸上皮細胞の核を，紫外線を照射して核を破壊した未受精卵に注入したところ，一部がオタマジャクシにまで発生した。腸上皮細胞の核がもつ，このような性質を何というか。

☑ ⓬　ユスリカの幼虫のだ腺染色体には，ところどころに膨らんだ部分が観察される。この部分を何というか。

◀◀◀ ☑解答 ▶▶▶

❶アミノ酸　❷ペプチド結合　❸転写　❹翻訳　❺セントラルドグマ　❻ウラシル（U）　❼mRNA（伝令RNA）　❽tRNA（転移RNA）　❾コドン　❿ゲノム　⓫全能性　⓬パフ

第 3 編

生物の体内環境の維持

第 1 章

生物の体内環境

▲体温を調節するしくみなどを勉強するよ。

STORY 1　体液と恒常性

1　体外環境と体内環境 〉★★★

　ゾウリムシなどの単細胞生物は，**細胞がじかに体外環境（外部環境）**（海水や空気など）**と接している。**でも，多細胞生物で

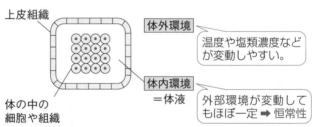

上皮組織

体外環境

温度や塩類濃度などが変動しやすい。

体内環境 ＝体液

外部環境が変動してもほぼ一定 ➡ 恒常性

体の中の細胞や組織

は，皮膚など一部の細胞が外部環境と接しているだけで，ほとんどの細胞や組織は**体液とよばれる液体に浸された状態で存在する。**体の中の細胞からみれば，体液も環境なので，これを**体内環境**（内部環境）という。

　細胞がいつも最適な状態で生命活動を行うことができるように，**体液の塩類濃度や pH，温度などは，ほぼ一定になるように保たれている。**このような性質を**恒常性**（ホメオスタシス）というんだ。

《POINT❶》 恒 常 性

◎恒常性（ホメオスタシス）➡ 体外環境が変動しても，体の
内部の状態（体内環境）を一定に保とうとする性質

2 体 液 〉★★★

脊椎動物の体液は，血液，リンパ液，組織液の3つに分けられる。

体液 ── 血 液 ➡ 血管内を流れる体液。血球と血しょうからなる。

組 織 液 ➡ 組織や細胞の間を満たしている。毛細血管から血
しょうがしみ出たもの

リンパ液 ➡ リンパ管内を流れる体液。組織液がリンパ管に取
り込まれたもの。やがて，鎖骨下静脈に入って血液と合流
する。白血球の一種であるリンパ球を含む。

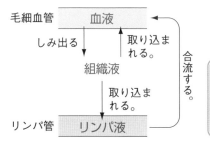

最終的に，リンパ液は
鎖骨下静脈とよばれる
血管に入って血液と合
流するよ。

血液は心臓というポンプによって，力強く押し出され，循環している。組
織液やリンパ液は，血液の勢いに引っぱられるようにして，ゆっくりと循環す
る。ちなみに，血液は約40秒間で，組織液やリンパ液は12〜24時間で全身を循
環するよ。

血液の成分とはたらき

1 血液の組成 〉★★★

血液は，ヒトの体重の約$\frac{1}{13}$（**8 %**）を占めている。その組成は，細胞である血球（45%）と液体である血しょう（55%）に分けられる。**血球は大きな骨の中心にある骨髄でつくられるんだ。**

■血液の組成

	形	大きさ〔直径 μm〕	数〔個/mm³〕	はたらき
血球	**核なし** 赤血球	7～8	400～500万	ヘモグロビン（赤い色素）を含み，酸素を運搬する（▶P.141）。
	核あり 白血球	8～25	4000～8000	細菌などの異物を食作用によって取り除く（▶P.145）。免疫に関与する。
	核なし 血小板	2～4	30万	血液凝固にはたらく（▶P.145）。
血しょう	成　分			はたらき
	●水…90% ●タンパク質…7 % ●**グルコース…0.1%** ●脂肪・無機塩類など			●栄養分の運搬 ●老廃物（尿素や二酸化炭素）の運搬 ●ホルモンの運搬 ●免疫にかかわる抗体を含む。

血球のうち，核をもつのは白血球だけだ。

2 赤血球のはたらきとヘモグロビン ＞ ★★★

　血液が赤く見えるのは，赤血球にヘモグロビンという赤い色素が含まれているからだ。ヘモグロビンは酸素をくっつけて運搬するタンパク質で，金属の**鉄を含んでいるのが特徴**だ。よく，「鉄分が不

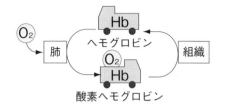

足すると貧血になる」と言われるけど，これは鉄の不足によってヘモグロビンの量が減り，その結果，酸素の運搬が不十分になってしまうからなんだ。

　ヘモグロビンの役割は，肺で受け取った酸素を組織まで届けることだ。ここではヘモグロビンを，酸素という荷物を運搬するトラックに例えてみるよ。**ヘモグロビンは空のトラック，酸素と結合したヘモグロビン（酸素ヘモグロビンという）は荷物を積んだトラックだ。ヘモグロビンは，環境に応じて，この2つの状態を行ったり来たりできるんだ。

　ヘモグロビンには，**酸素が多い環境では酸素と結合しようとし，酸素が少ない環境では酸素を離そうとする**性質がある。

　また，ヘモグロビンは二酸化炭素の影響も受け，**二酸化炭素が少ない環境では酸素と結合しようとし，二酸化炭素が多い環境では酸素を離そうとする**性質もある。だから，肺のように酸素が多く二酸化炭素が少ない場所では，ヘモグロビンは酸素と結合し（下図の左），筋肉などのように酸素を消費して二酸化炭素が多くなっている組織までくると，ヘモグロビンは酸素を離すんだ（下図の右）。離した酸素は，組織の呼吸に使われるよ。

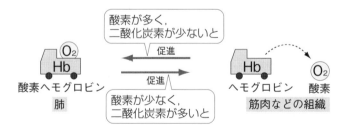

　次のページの図は，酸素解離曲線（さんそかいりきょくせん）といって，酸素分圧（酸素の濃度）と酸素ヘモグロビンの関係を示したものだ。見たとおり，S字状になるのが特徴だ。縦軸の値は，"ヘモグロビン全体に対する酸素ヘモグロビンの割合"を表す。

　たとえば，80％という値は，例え話でいうと，100台のヘモグロビントラッ

クのうち80台は酸素という荷物を
積んでいる（酸素ヘモグロビン）
けど，20台は荷物を積んでいない
状態（ヘモグロビン）を表す。

　また，0％ならば，ヘモグロビ
ントラック100台すべてが，荷物
を積んでいない空の状態を表すん
だ。

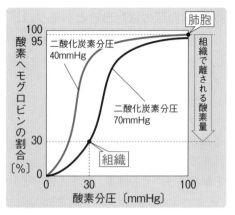

■酸素解離曲線

 そうか。縦軸の値がいくつであろうと，酸素解離曲線の
全体のヘモグロビンの数は100で，変わらないのね。

　そのとおり。縦軸はヘモグロビンの数を示すのではなく，すべてのヘモグロ
ビンの数を100としたとき，その中で，酸素ヘモグロビンの数がいくらかを示
しているんだ。

 どうして曲線が２本あるの？

　酸素解離曲線は二酸化炭素分圧によって変化するので，二酸化炭素分圧が
40mmHgのときと，70mmHgのときの２本について表してあるんだ。二酸化
炭素が多いほど，酸素ヘモグロビンは酸素を離したがる。つまり，酸素ヘモグ
ロビンの割合は下がるのだから，グラフは右に移動したように見えるんだ。

《POINT❷》ヘモグロビン

◎肺胞（酸素分圧が高く，二酸化炭素分圧が低い）
　➡ 酸素と結合しやすい。

◎組織（酸素分圧が低く，二酸化炭素分圧が高い）
　➡ 酸素を解離しやすい。

じゃあ，前ページの酸素解離曲線の図を使って，次の例題を考えてみよう。

〔例　題〕　肺胞で酸素と結合したヘモグロビンのうち，何％が組織で酸素を離すか，答えなさい。

ただし，肺胞での酸素分圧は100mmHg，二酸化炭素分圧は40mmHg，組織での酸素分圧は30mmHg，二酸化炭素分圧は70mmHgとする。

〔解　法〕

　肺胞での酸素ヘモグロビンの割合は，二酸化炭素40mmHg のグラフで横軸（酸素分圧）100mmHg のところを読んで，**95％**だ。一方，**組織**での酸素ヘモグロビンの割合は，二酸化炭素70mmHg のグラフで横軸（酸素分圧）30mmHg のところを読んで，**30％**となる。つまり，この差95－30＝**65％**が，組織で酸素を離したヘモグロビン（65台のトラックが組織で酸素をおろした）ということになる。でも，これが答じゃない。問題文には，"肺胞で酸素と結合したヘモグロビンのうち"とある。つまり，肺胞での酸素ヘモグロビン95％のうち，組織で酸素を離したのは何％かということなので，

$$\frac{95-30}{95} \times 100 = 68.42\cdots \ ➡ 68.4\%$$

となるんだ。

《✓解答》

68.4％

さて，**酸素解離曲線**について，もう少し掘り下げてみよう。

ヒトなどの哺乳類では，胎児は胎盤（決して母体と胎児の血管がつながっているわけじゃないよ）を通して母体から酸素を受け取るしくみになっている。このため，**胎児のヘモグロビンは母体のヘモグロビンよりも，酸素と結合しやすい性質をもつ。これを酸素解離曲線で表すと，胎児のヘモグロビンの曲線は，母体の曲線よりも上になる**んだ。

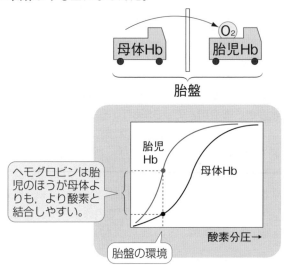

3 二酸化炭素の運搬 > ★★☆

組織で生じた二酸化炭素は，いったん赤血球の中に入って，赤血球の酵素によって**炭酸水素イオン（HCO_3^-）に変えられ，これが血しょうに溶けて肺まで運ばれる。**肺では，逆の反応が起こり，炭酸水素イオンが二酸化炭素（CO_2）に変わり，肺から呼気とともに排出される。

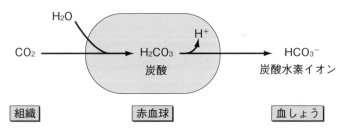

4 白血球のはたらき 〉★★★

　私たちの体は，細菌やウイルスといった病原体に対して抵抗するしくみをもっている。このような**生体防御**を**免疫**（▶P. 193　第 4 章）という。免疫にはリンパ球やマクロファージなどのいろんな種類の**白血球**がかかわっているんだ。

　細菌やウイルスなどの異物が，体の中に侵入すると，大型の白血球に取り込まれて排除される。このような白血球のはたらきを**食作用**というよ。

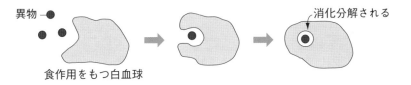

異物 ―●

消化分解される

食作用をもつ白血球

　また，白血球の一種の**リンパ球**の中には，病原体を攻撃する**抗体**とよばれるタンパク質をつくって体液中に分泌するものがある。このとき，抗体をつくる原因となる物質（つまり病原体）を**抗原**といい，抗体が抗原にくっつくことを**抗原抗体反応**という。（▶P. 198　第 4 章）

5 血小板のはたらき 〉★★★

　血小板は，血液凝固に重要な役割を果たす。新鮮な血液を試験管にとり，室温で30分置いておくと，血液は黄色っぽく透明な上澄み（**血清**という）と，暗赤色の沈殿（**血ぺい**という）とに分かれる。この現象を**血液凝固**という。血液凝固は，傷口からの出血を最小限にするための生体防御のしくみだ。

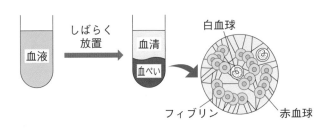

血液 → しばらく放置 → 血清／血ぺい → 白血球　フィブリン　赤血球

　血液凝固のしくみは，血管が傷ついて出血すると，血小板や組織から凝固因子が放出され，複雑な化学反応の結果，血しょう中の**フィブリノーゲン**というタンパク質から，**フィブリン**という不溶性の繊維状タンパク質ができる。この**フィブリンに血球が絡みついて血ぺいができる**んだ。

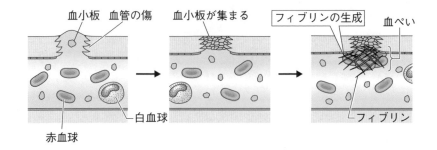

やがて，血管の傷が修復されると血ぺいは不要となるので，溶かされて取り除かれる。このしくみを線溶（せんよう）（フィブリン溶解）というよ。

 血清と血しょうの違いって何ですか？

血清は，血しょうからフィブリンのもとになるフィブリノーゲンを除いたものだよ。なぜなら，凝固によって，血しょう中のフィブリノーゲンはフィブリンになって沈殿してしまうからね。

《POINT❸》 血液凝固

◎血ぺい＝フィブリン＋血球

◎血　清＝血しょう－フィブリノーゲン

---

6 血しょうのはたらき ＞★★☆

血しょうは，**グルコースなどの栄養分を溶かし込んで全身の細胞に届けたり**，細胞で生じた**老廃物や二酸化炭素を回収して，排出器官にまで運ぶ**はたらきがある。また，**ホルモンなどの情報を伝える物質**も血流に乗って運ばれる。

血しょうには，さまざまな無機塩類が溶けているので，**少量の酸やアルカリが加わっても pH はほぼ一定で変化しない**。このような性質を**緩衝（かんしょう）作用**というよ。さらに，血しょうの90％を占める水は，熱しにくく冷めにくい性質があり，そのため**体温の急激な変化を防ぐ**ことができるんだ。

発展 血液凝固のしくみ

血液凝固では，いくつもの反応が順番に進んでいく。

① 傷口で，壊れた血小板や傷ついた組織から，**血液凝固因子**が放出される。

② 血液凝固因子のはたらきにより，血しょうタンパク質の一種であるプロトロンビンが活性型の**トロンビン**に変わる。この過程には**カルシウムイオン（Ca^{2+}）**が不可欠だ。

③ トロンビンはタンパク質分解酵素の一種で，血しょうタンパク質であるフィブリノーゲンの特定部位を切断する。すると，それらが多数連結して繊維状の**フィブリン**になる。

④ フィブリンに血球が絡みついて**血ぺい**ができる。

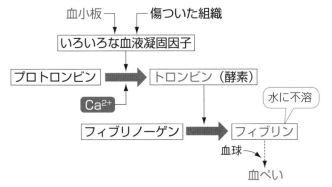

血液を検査したり輸血に使うときには，血液が凝固しないようにするため，**クエン酸ナトリウム**という薬剤を混ぜる。この薬剤は，血液中のカルシウムイオンを除去するはたらきがあり，血液凝固に必要なトロンビンが生成せず，結果として血ぺいがつくられないんだ。

STORY 3 / 血液の循環

1 血管系 ＞★★☆

脊椎動物や環形動物（ミミズやゴカイなど）の血管系は，動脈と静脈が毛細

血管でつながっていて，**輪になっている**。そのため，血液は必ず血管内を流れるんだ。これを閉鎖血管系という。

これに対して，一部の**軟体動物**（貝類など）**や節足動物**（エビ・昆虫など）**などの血管系は，毛細血管がなく動脈の先が口を開いている**ため，血液が血管の外に流れ出る。そして，再び口の開いた静脈から血管内に取り込まれるようにして循環する。つまり，血液と組織液の区別がないんだ。これを**開放血管系**というよ。

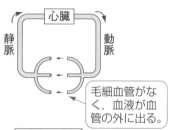

毛細血管がなく，血液が血管の外に出る。

閉鎖血管系
● 脊椎動物（ヒト，カエル）
● 環形動物（ミミズ，ゴカイ）
● 軟体動物（タコ，イカ）

開放血管系
● 軟体動物（貝類）
● 節足動物（エビ，昆虫類）

《POINT④》 閉鎖血管系と開放血管系

◎閉鎖血管系 ➡ 動脈と静脈が毛細血管でつながっている。

　　例　脊椎動物（ヒト），環形動物（ミミズ・ゴカイ）
　　　　軟体動物（タコ・イカ）

◎開放血管系 ➡ 毛細血管をもたない。

　　例　軟体動物（貝類），節足動物（エビ・昆虫類）

2　ヒトの血液の循環 ＞★★★

血液は心臓というポンプによって，血管内を循環している。ヒトでは，心臓から出て全身をめぐって再び心臓にもどってくる**体循環**（**大循環**）と，心臓から出て肺を通って再び心臓にもどってくる**肺循環**（**小循環**）の2つの循環がある。

ここで，「血液」の名前と「血管」の名前についてまとめておこう。

まず，血液には，酸素を多く含む動脈血と，酸素が少ない静脈血があるんだ。**全身をめぐってきた血液は，酸素が消費されているので静脈血だ。**心臓にもどった静脈血は，肺に送られ，**ガス交換されて，酸素の多い動脈血になる。**肺から再び心臓にもどった動脈血は，こんどは全身に送り出されるんだ。

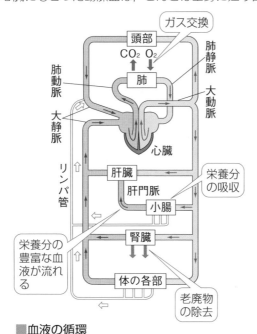

■血液の循環

次に，血管の名前だけど，ここで単純に“動脈血が流れるのが動脈で，静脈血が流れるのが静脈”と覚えてはいけない。そうではないんだ。動

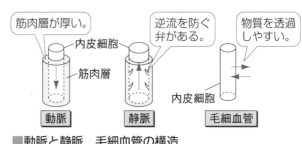

■動脈と静脈，毛細血管の構造

脈とは，**心臓から送り出される勢いのある血液が通る血管**のことで，反対に，静脈とは，**心臓へもどってくる血液が通る血管**のことなんだ。だから，肺動脈には静脈血が，肺静脈には動脈血が流れているよ。

動脈と静脈には，構造にも違いがある。動脈は，心臓が押し出す高い血圧に耐えられるよう，筋肉層が厚くなっている。一方，静脈は，血液の流れに勢いがないので，筋肉層は薄く，逆流を防ぐための弁がところどころについているんだ。なお，毛細血管は物質の出入りがしやすいよう一層の内皮細胞からなる薄い壁になっている。

各臓器には，たいてい動脈と静脈の両方がつながっていて，それぞれに名前がついている。たとえば，腎臓につながる動脈は腎動脈，静脈は腎静脈というように，「動脈」や「静脈」の前に臓器を表す一文字をくっつければ，臓器につながる血管の名前になるんだ。

ただし例外もある。**小腸には直接，心臓にもどる静脈がない**んだ。小腸から出た静脈血は，いったん肝臓を経由してから心臓にもどっていく。この小腸と肝臓を結ぶ血管を肝門脈というよ。

 どうして小腸から出た血液は，心臓にもどらないんですか？

小腸は食物を消化・吸収する器官だよね。そのため，小腸を通った血液には，グルコースやアミノ酸などの栄養分がたっぷり溶け込んでいるんだ。このような濃い血液が，そのまま全身に循環してしまうと，恒常性が保てなくなる。そのため，余分な栄養分を肝臓に蓄えて薄くなった血液が肝静脈を通って心臓にもどるしくみになっている。

《 POINT 5 》 血液と血管

◎血液
- 動脈血 ➡ 酸素を多く含む血液。鮮紅色
- 静脈血 ➡ 酸素が少ない血液。暗赤色

◎血管
- 動　脈 ➡ 心臓から送り出される血液が通る血管
- 静　脈 ➡ 心臓へもどってくる血液が通る血管
- 肝門脈 ➡ 小腸から肝臓へ流れる血液が通る血管

3 心　臓 > ★★★

　ヒトの心臓は 4 つの部屋からなり，それぞれに主要な血管がつながっている。まずは，部屋の名前から覚えよう。上 2 つの部屋は，心臓にもどってくる血液が入る部屋で，心房といい，下 2 つの部屋は，血液を押し出す部屋で，心室という。そして，向かって右側を左とよび，左側を右とよぶ。これは，向かい合った相手の心臓を見ている状態と考えてほしい。向かい合った相手の左手は，こちらから見ると右になるのと同じことだ。

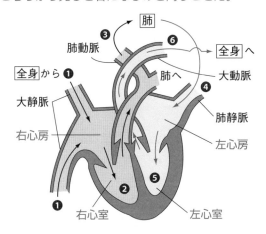

ボクの左手は，みんなから見ると，右側だ。

〔血液の流れ〕

❶ 大静脈を通って全身からもどってきた静脈血が，右心房に入る。

　⬇

❷ 右心房が収縮し，右心室に流れ込む。

　⬇

❸ 右心室の収縮により，肺動脈を通って肺に送り出される。

　⬇

❹ 肺でガス交換により動脈血となったものが，肺静脈を通って左心房にもどってくる。

　⬇

❺ 左心房が収縮し，左心室に流れ込む。

　⬇

❻ 左心室の収縮により，大動脈を通って全身へ送り出される。

これ，覚えなければいけないの〜？

　がんばって覚えてほしい。静脈血と動脈血が，それぞれどこを流れるのかを意識しながら覚えるんだ。

　このとき，注意してほしいのは肺循環だ。**肺動脈の中を静脈血が流れて，肺静脈の中を動脈血が流れる**んだ。ちょっとややこしいよね。

　それから，"肺に血液を送り出す右心室よりも，**全身に血液を送り出す左心室のほうが，壁が厚い**"ことも覚えておくといい。左心室は，頭のてっぺんから足のつま先までの組織に血液をとどけなければならないから，強い力が必要だ。そのため，心室の壁をつくる筋肉がとても発達しているんだ。

《POINT 6》心　　臓

（全身）➡ 大静脈 ➡ 右心房 ➡ 右心室 ➡ 肺動脈 ➡ （肺）
　　　　　　└─────────────────────┘
　　　　　　　　　　　　　静脈血

➡ 肺静脈 ➡ 左心房 ➡ 左心室 ➡ 大動脈 ➡ （全身）
　　　└─────────────────────┘
　　　　　　　　　　　動脈血

　心臓は，神経などの刺激がなくても拍動を続ける性質があり，これを**自動性**という。これは，心臓の右心房の大静脈との接続部付近に，自発的に興奮をくり返す特殊な細胞があるためで，この部分を洞房結節という。洞房結節で生じた興奮は，特別な刺激伝達系により心臓全体に伝わり，心房→心室→心房→心室→…といった収縮のリズムをつくりだすんだ。

　洞房結節は，心拍の**ペースメーカー**としてはたらく重要な部分だ。そのため，この部分に異常をきたすと心拍が乱れ，命にかかわることになる。そのような場合，電池で駆動する人工のペースメーカーを用いることで，正常な心拍を回復する医療が行われているよ。

洞房結節

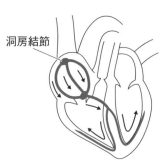

152

問題 **1**　**体　液 ★★★**

問1　血液の循環に関する記述として正しいものを，次の①〜③から一つ選びなさい。

① 右心室から流れ出た血液は，大動脈に入り全身に運ばれる。

② 肺静脈には，大静脈より酸素含量の多い血液が流れている。

③ 動脈には血液の逆流を防ぐ弁があるが，静脈には弁がない。

問2　ヒトの血液の重量は体重の約何％を占めるか。最も適当なものを次の①〜⑤から一つ選びなさい。

① 1　　② 4　　③ 8　　④ 16　　⑤ 32

問3　白血球および赤血球のはたらきに関する記述として，最も適当なものを，それぞれ次の①〜⑦から一つずつ選びなさい。

① 代謝によって生じた不要な物質を尿素につくり変える。

② 血糖量が低下すると，グリコーゲンの分解を促進する。

③ 体内に侵入した細菌などを細胞内に取り込んで分解する。

④ 脂肪を消化する酵素をつくり，小腸へ分泌する。

⑤ 肺で酸素を受け取り，全身の組織に運搬する。

⑥ けがなどで出血したとき，血液をかためて出血を止める。

⑦ 吸収した水分を全身の組織に供給する。　　〈オリジナル〉

===== ✔ 解 説 =====

問1　① "右心室"ではなく，"左心室"から出た血液が，大動脈に入り全身に運ばれるんだ。よって**誤り**。

② 肺静脈を流れるのは**動脈血**（＝酸素含量の多い血液），大静脈を流れるのは**静脈血**だ。よって，正しい。

③ "動脈"と"静脈"が逆だよね。弁をもっているのは静脈だ。**誤り**。

問3　①，②は肝臓のはたらきだ（次の章で詳しく学ぶよ）。④はすい臓のはたらき，⑥は血小板のはたらき，⑦は血しょうのはたらきだよね。

===== ✔ 解 答 =====

問1　②　　問2　③　　問3　白血球—③　赤血球—⑤

チェックしよう！

- ☑ **❶** 生体は，外界の条件が変化しても，体内の状態を一定に保とうとする。このようなしくみを何というか。
- ☑ **❷** 脊椎動物の体液は，血液・□□□□・リンパ液に分けられる。
- ☑ **❸** ヒトの血液量は体重の約何％か。
- ☑ **❹** 赤血球に含まれていて酸素を運搬するタンパク質を何というか。
- ☑ **❺** 血液凝固に関係する血球成分は何か。
- ☑ **❻** 血液凝固にともない，血液は血ぺいと□□□□に分離する。
- ☑ **❼** エビなどの節足動物では，毛細血管がなく動脈と静脈がつながっていない。このような血管系を何というか。
- ☑ **❽** 酸素を多く含む血液を何というか。
- ☑ **❾** 小腸と肝臓を結ぶ血管を何というか。
- ☑ **❿** 大動脈を通って全身へ向かう血液は，心臓のどこから送り出されるか。

☑解答

❶恒常性（ホメオスタシス）　❷組織液　❸8％　❹ヘモグロビン
❺血小板　❻血清　❼開放血管系　❽動脈血　❾肝門脈　❿左心室

第2章 腎臓と肝臓

▲体のろ過装置（腎臓）と化学工場（肝臓）を見学しよう！

STORY 1　腎臓のはたらき

　細胞は生きている限り，さまざまな代謝を行い老廃物を生じる。老廃物は体液中に放出されるので，何もしないで放っておくと，体液がどんどん汚れてしまう。そこで重要な役割をするのが腎臓だ。

　腎臓は，体液中の老廃物をこし出して尿にして排出するフィルターのような器官だ。しかも，排出する尿の塩分濃度を調節して，**体液の塩類濃度**をほぼ一定に保つはたらきもあるんだ。

1　腎臓の構造 ＞★★★

　ヒトの腎臓は，腰のあたりの背中側に2つある。1つの腎臓の内部には**腎単位**（ネフロン）とよばれる構造が100万個ある。腎単位は，**腎小体**（マルピーギ小体）とそれに続く**細尿管**（腎細管）からできていて，さらに，腎小体は，内部の**糸球体**とそれを包む**ボーマンのう**とからなるんだ。

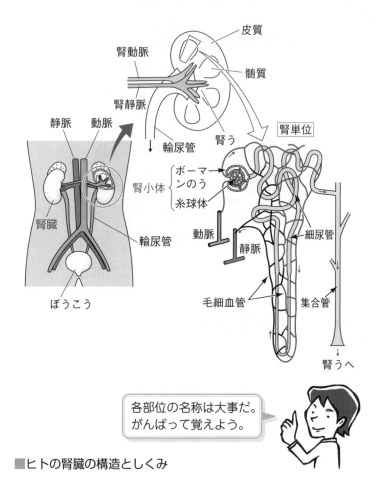

■ヒトの腎臓の構造としくみ

　腎小体でつくられた尿は，**集合管**を通って**腎う**とよばれる腎臓の中心部に集められる。そして，腎うから**輸尿管**を通って**ぼうこう**に集められるんだ。

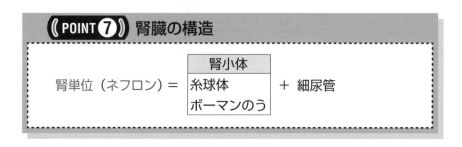

2 尿の生成 〉★★★

尿は，血液から**ろ過**と**再吸収**の過程を経てつくられる。その過程を順にみていくことにしよう。

❶ 腎動脈から，勢いのある血液が，毛細血管の集まりである**糸球体**に流れ込む。

❷ 糸球体では，**血球やタンパク質**以外の成分がボーマンのうへこし出される。これが**ろ過**の過程だ。つまり，血管の壁が"ふるい"としてはたらき，血球やタンパク質のように大きい成分を血管内に残し，それ以外の成分の大部分をろ過するんだ。ろ過された液体を**原尿**というよ。

❸ 原尿は尿のもとになる液だけど，原尿には捨てるのにはもったいない成分が多く含まれている。そこで，ボーマンのうに続く**細尿管**（腎細管ともよばれるU字状に曲がった管だ）を原尿が通る間に，有用な成分は，細尿管をとりまく毛細血管へ再吸収されるんだ。

健常なら**グルコースは100％再吸収**され，水や無機塩類は，体液の恒常性を保つよう再吸収量が調節される。これに対して，**尿素や尿酸などの老廃物はあまり再吸収されずに，濃縮される**んだ。

❹ 原尿は集合管に集められ，ここでさらに水が再吸収されて，残ったものが尿となる。

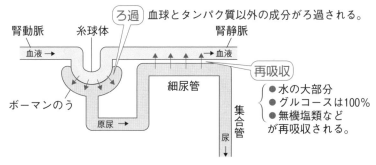

■ろ過と再吸収

《 POINT **8** 》 尿の生成

◎ろ過の過程 ➡ 血球とタンパク質以外の物質が，水分とと
もに糸球体からボーマンのうへろ過される。

◎再吸収の過程 ➡ 細尿管を通る間に，水の大部分，グルコー
スの100%が，まわりをとりまく毛細血管に再吸収される。

---

3 | **体液濃度の調節 > ★★★**

　腎臓は，尿の量やさまざまな物質を再吸収する量を調節することで，体液の
濃度を一定に保つようにはたらいている。

　たとえば，発汗などで体の水分が失われ，血液の塩類濃度が上がると，**脳下**
垂体後葉からバソプレシンというホルモンが分泌される（ホルモンについては
次の第3章で学ぶよ）。バソプレシンは集合管に作用し，**水の再吸収を促進す**
る。その結果，尿として排出される水の量が減少するんだ。

　これとは逆に，水をたくさん飲むなどして，血液の塩類濃度が低下すると，
副腎皮質から鉱質コルチコイドというホルモンが分泌される。鉱質コルチコイ
ドは細尿管に作用し，**ナトリウムイオン（Na⁺）の再吸収を促進**し，尿ととも
に排出されるナトリウムイオンの量を減らすんだ。

血液の塩類濃度が上がった場合

脳下垂体後葉
↓
バソプレシン
↓
再吸収
水　水　水
↓　↑　↑　↑
集合管 ← 血液の塩類濃度
が下がる。
↓
尿 ← 尿の量が減
少する。

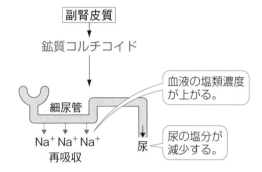

血液の塩類濃度が下がった場合

副腎皮質

鉱質コルチコイド

細尿管

血液の塩類濃度が上がる。

Na⁺ Na⁺ Na⁺
再吸収

尿

尿の塩分が減少する。

《 POINT 9 》 尿の生成

◎バソプレシン ➡ 水の再吸収を促進するホルモン。
脳下垂体後葉から分泌される。

◎鉱質コルチコイド ➡ ナトリウムイオンの再吸収を促進するホルモン。副腎皮質から分泌される。

4　原尿量の求め方 〉★★★

　イヌリンという物質を使って原尿量を求める方法がある。ここでは，その方法について学ぶことにしよう。

　イヌリンを静脈に注射すると，血液にのって全身を循環し，やがて腎臓に運ばれる。イヌリンは，**糸球体からボーマンのうへろ過されるが，細尿管ではまったく再吸収されない**という性質があるため，やがて尿中に排出されるんだ。このとき，**血しょう**（または**原尿**）**中のイヌリン濃度**と，**尿中のイヌリン濃度**，**尿量**をそれぞれ測定することで，これらの値から原尿量を計算で求めることができる。

　その原理を次の例題を解きながら，理解しよう。

〔例　題〕次の表は，ヒトの血しょう・原尿・尿の成分の割合を示したものである。なお，イヌリンは，ヒトの体内では合成も利用もされない物質であり，静脈に注射すると，腎小体でろ過され，再吸収されずに尿中に排出される。

成　分	血しょう〔g/100mL〕	原　尿〔g/100mL〕	尿〔g/100mL〕
タンパク質	7.2	0	0
グルコース	0.1	0.1	0
ナトリウム	0.3	0.3	0.34
カリウム	0.02	0.02	0.15
カルシウム	0.008	0.008	0.014
尿　素	0.03	0.03	2
尿　酸	0.004	0.004	0.054
イヌリン	0.1	0.1	12

問1　タンパク質とグルコースは，ともに尿には含まれない。その理由を，次の①～③からそれぞれ選びなさい。
① 腎小体でろ過されないため。
② 細尿管ですべて再吸収されるため。
③ 尿中ではすべて分解されるため。
問2　イヌリンの次に，濃縮率の高い成分は何か。
問3　イヌリンの濃縮率を使って，1日に生成される原尿の量〔L〕を求めなさい。なお，尿は1日に1.5L生成されるものとする。
問4　1日に再吸収された尿素は何gか。　　　　　〈オリジナル〉

〔解　法〕
問1　表を見ると，タンパク質は，血しょうに含まれているけど，原尿には含まれていないよね。これは，ろ過されないことを示している。よって①。これに対して，グルコースは，血しょうと原尿には含まれているけど，尿には含まれていない。これは，原尿中のグルコースが100％再吸収されたことを示している。よって②。
問2　濃縮率とは，尿中の成分が，血しょう中の何倍の濃度になったかを示す

値だ。

$$濃縮率 = \frac{尿中の濃度}{血しょう中（原尿中）の濃度}$$

　式の分母は，血しょう中の濃度でも原尿中の濃度でもどちらでもよい。水に溶けている成分は，ろ過されても濃度は変わらず，**血しょう中の濃度＝原尿中の濃度**になるからだ。

　この式を使って，イヌリンと，タンパク質・グルコース以外の成分の濃縮率を求めると，以下のとおり。

ナトリウム　➡　1.13倍

カリウム　　➡　7.5倍

カルシウム　➡　1.75倍

尿　素　　➡　66.7倍

尿　酸　　　➡　13.5倍

この結果を見ると，答えは**尿素**であることがわかる。

　でも，テストのときに，全部の濃縮率をいちいち計算するのは大変だよね。そんな場合は，あらかじめ老廃物（ろうはい）に的（まと）をしぼって計算すればいい。老廃物は，あまり再吸収されないため，濃縮率が高くなるんだ。この中で老廃物は**尿素**と**尿酸**だ。

問3　イヌリンの濃縮率は，$12 \div 0.1 = \mathbf{120}$（倍）だ。原尿中に含まれるイヌリンは，再吸収されないので原尿に含まれる量と尿に含まれる量は同じになるはずだ。では，なぜ尿では原尿の120倍も濃くなったのだろう？　それは，水が再吸収されて全体の体積が減るためだ。原尿から水が抜き取られて，濃度が120倍の尿ができた。すなわち，原尿の体積の$\frac{1}{120}$が，尿の体積である。ということは，1日に生成される尿の体積に120をかけた値が1日に生成される原尿の体積となるんだ。

原尿量（体積）＝$1.5L \times 120 = \mathbf{180L}$

　わかりにくかったら，食塩水に例えてみよう。はじめに濃度が0.1の食塩水があったとして，水だけが蒸発して濃度が12になった場合，食塩水の体積は何倍になっただろうか？　濃度が120倍になったということは，体積は$\frac{1}{120}$になったということだよね。つまり，蒸発後の体積を120倍すれば，は

じめの食塩水の体積が求められるんだ。

　水に溶けている塩は蒸発しないのだから，再吸収されないイヌリンに相当し，**はじめの食塩水＝原尿，蒸発後の食塩水＝尿，蒸発した水＝再吸収された水**と考えればいい。わかったかな？

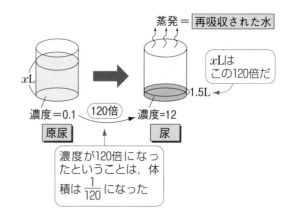

　次の式は，ぜひ覚えておこう。

$$原尿量（体積）＝ イヌリンの濃縮率 × 尿量（体積）$$

問4　尿素は，老廃物といえども少しは再吸収される。

　まずは，液体中の物質の質量の求め方を理解しよう。

$$物質の濃度＝\frac{液体中の物質の質量}{液体の体積}$$

なので，これを変形して，

$$液体中の物質の質量 ＝ 物質の濃度 × 液体の体積$$

で求められる。

　これを使って，原尿中と尿中の尿素量をそれぞれ求めてみるよ。

　原尿中の尿素の濃度は，表より$\frac{0.03g}{100mL}$　また，**問3**より1日に生成される原尿量（体積）は180L（180,000mL）だから，

1日分の原尿に含まれる尿素の質量$＝\frac{0.03g}{100mL}×180,000mL ＝$**54g**

　また，尿中の尿素の濃度は，表より$\frac{2g}{100mL}$　また，1日の尿量は1.5L

（1,500mL）だから，

$$1日分の尿に含まれる尿素の質量 = \frac{2g}{100mL} \times 1,500mL = \textbf{30g}$$

となる。

　もし，尿素がイヌリンと同様，まったく再吸収されない物質だとしたら，原尿に含まれる尿素量と，尿に含まれる尿素量は等しくなるはずだよね。でも，計算結果では尿中の尿素量のほうが少ない。ということは，その差は再吸収されたと考えられるんだ。

　つまり，

$$1日に再吸収された尿素量 = 54g - 30g = \textbf{24g}$$

となるんだ。

=== 解答 ===

問1　タンパク質—①　グルコース—②　　問2　尿素

問3　180L　　問4　24g

POINT ⑩ 濃縮率・原尿量の求め方

$$◎濃縮率 = \frac{尿中の濃度}{血しょう中（原尿中）の濃度}$$

◎原尿量(体積) ＝ イヌリンの濃縮率 × 尿量(体積)

問題 ① 哺乳類の体液の濃度調節 ★★★

次の文を読んで，下の問いに答えなさい。

　哺乳類では，主に腎臓が体液の濃度調節を行っている。腎臓では，（ a ）を通る血液がろ過されてボーマンのうへ出ていき，原尿がつくられる。原尿は細尿管へ送られ，水，塩類などが再吸収され，残りの成分が尿として体外へ出ていく。腎臓のはたらきはホルモンによって調節されている。たとえば，脳下垂体（ b ）から分泌されるバソプレシンは腎臓に作用し，体液中の水を（ c ）はたらきを示す。したがって，ネズミで脳下垂体を除去すると，尿の量は（ d ）する。

問1 （a）・（b）に入る最も適当な語を，次の①〜⑤からそれぞれ
一つずつ選びなさい。

① 腎　う　　② 糸球体　　③ 前　葉　　④ 中　葉

⑤ 後　葉

問2 （c）・（d）に入る語句の組合せとして正しいものを，次の①
〜④から一つ選びなさい。

	（c）	（d）		（c）	（d）
①	保持する	増　加	②	体外に出す	増　加
③	体外に出す	減　少	④	保持する	減　少

〈センター試験・改〉

========== ✔解 説 ==========

問1　血液が糸球体を通るときに，血球やタンパク質以外の小さな成分がボー
マンのうへこし出される。

　　腎臓で塩類濃度の調節にかかわるホルモンは2種類だったよね。脳下垂体
後葉（脳下垂体についてはあとで学ぶよ）から分泌されるバソプレシンと，
副腎皮質から分泌される鉱質コルチコイドだ。バソプレシンは集合管にはた
らきかけて水の再吸収を促進する。

問2　バソプレシンが，腎臓での水の再吸収を促進する。ということは，尿の
量は減るよ。裏をかえすと，**体液を保持する**ために水の排出を抑えるはたら
きをするんだ。

　　ネズミの脳下垂体を除去するということは，バソプレシンが分泌されなく
なるということなので，水の再吸収量が減り，尿の量は**増加する**よ。

========== ▽解 答 ==========

問1　a—②　　b—⑤

問2　①

STORY 2 肝臓のはたらき

肝臓は，腎臓と並んで恒常性の維持にとっても大切な役割を果たしている器官だ。肝臓では，じつにいろいろな化学反応が行われている。腎臓が体液をきれいにしてくれるフィルターに例えられるなら，肝臓は体内の化学工場といったところだ。

1 肝臓の構造 ＞★★☆

肝臓は人体で最大の臓器で，成人で約 1 kg ある。大きさ 1 mm ほどの肝小葉という基本構造が約50万個集まってできている。さらに 1 つの肝小葉は約50万個の肝細胞からできているんだ。

肝臓には，次の 3 つの血管がつながっている。

- 肝動脈➡肝臓に酸素を届ける。心臓から拍出される血液の 3 分の 1 が肝動脈を通って肝臓に送られる。**動脈血**が通る。
- 肝門脈➡小腸で吸収された栄養分や，ひ臓で破壊された赤血球の成分が肝臓に送られる。**静脈血**が通る。
- 肝静脈➡肝臓から流れ出た血液を心臓へ送る。**静脈血**が通る。

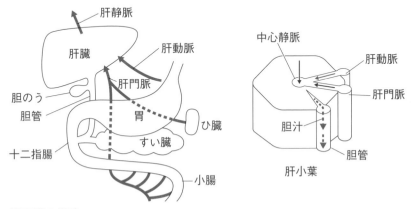

■肝臓の構造

人体で最大の臓器である肝臓のはたらきは，じつにさまざまだ。ここでは，代表的なものをみていくことにしよう。

❶ 血糖濃度の調節➡小腸で吸収されたグルコースは，肝門脈を通って肝臓に運ばれ，一部が**グリコーゲン**として肝細胞に蓄えられる。血糖量が下がったときに，蓄えていたグリコーゲンをグルコースに分解して，血液中に放出する。

❷ 血しょうタンパク質の合成・分解➡血しょうに含まれるアルブミンや，フィブリノーゲン（血液凝固に関係する）といったタンパク質の多くは肝臓で合成される。その一方で，不要となったタンパク質やアミノ酸を分解するのも肝臓のはたらきだ。

❸ 尿素の合成➡細胞でタンパク質やアミノ酸などが分解されると，有害なアンモニアが生じる。哺乳類・両生類の成体・軟骨魚類は，血中のアンモニアを無害な尿素につくり変えている。

❹ 胆汁（胆液）の合成➡肝臓では，脂肪の分解を助ける**胆液**がつくられる。胆汁はいったん肝臓の下にある胆のうに蓄えられたあと，十二指腸に分泌される。

❺ 解毒作用➡アルコールなどの有害物質が肝臓に入ると，これを無害な物質に変える。

❻ 古くなった赤血球を壊す➡赤血球は主にひ臓で壊されるが，一部は肝臓で壊される。赤血球に含まれるヘモグロビンは，分解されると，ビリルビンという黄褐色の色素を生じる。胆液はこのビリルビンを多く含んでいる。ちなみに，大便の色は，このビリルビンの色だ。

❼ 体温の維持➡さまざまな物質の分解で生じた熱で，体温を維持する。

❽ 血液の循環量の調節➡肝臓は人体で最大の臓器であり，血液の貯蔵量も多く，循環量の調節にはたらく。

下の図は，肝臓や腎臓など恒常性にはたらく器官とそれにつながる血管を示したものだ。それぞれの血管内を通る血液の特徴をまとめておくよ。

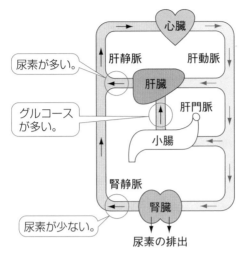

「尿素は肝臓で合成されて，腎臓から捨てられる」と覚えておこう。

チェックしよう!

- ☐ **❶** 腎単位（ネフロン）において，糸球体とボーマンのうを合わせた構造を何というか。
- ☐ **❷** 血しょう成分のうち，糸球体からボーマンのうへろ過されない物質を一つ答えよ。
- ☐ **❸** 血しょう成分のうち，細尿管ですべて再吸収される物質を一つ答えよ。
- ☐ **❹** 集合管での水の再吸収を促進するホルモンの名称を答えよ。
- ☐ **❺** ❹のホルモンはどこから分泌されるか。
- ☐ **❻** 細尿管でのナトリウムイオンの再吸収を促進するホルモンの名称を答えよ。
- ☐ **❼** 尿素はどこでつくられるか。
- ☐ **❽** 肝臓でグルコースから合成される炭水化物を何というか。

☑解答

❶腎小体（マルピーギ小体） **❷**タンパク質 **❸**グルコース（またはアミノ酸） **❹**バソプレシン **❺**脳下垂体後葉 **❻**鉱質コルチコイド
❼肝臓 **❽**グリコーゲン

第3章 神経系とホルモンによる調節

▲交感神経がはたらいているとき（左）と副交感神経がはたらいているとき（右）。

STORY 1 神経系と恒常性

　ここでは，神経系が体内環境の維持にどのようにかかわっているのかをみていこう。

1 ヒトの神経系 ＞★★☆

　神経細胞（ニューロン）やニューロンをサポートする細胞からなる器官を**神経系**という。ヒトの神経系は，脳と脊髄からなる**中枢神経系**と，体性神経系と自律神経系からなる**末梢神経系**とに分けられる。体性神経系は，感覚を伝える感覚神経と筋肉などを動かす運動神経に分けられる。また，自律神経系は，意思とは無関係にはたらく神経で，**交感神経**と**副交感神経**とに分けられる。

神経系 ┃ 中枢神経系 ➡ 脳・脊髄
　　　 ┃ 末梢神経系 ┃ 体性神経系 ┃ 感覚神経
　　　 ┃　　　　　 ┃　　　　　 ┃ 運動神経
　　　 ┃　　　　　 ┃ 自律神経系 ┃ 交感神経
　　　 ┃　　　　　 ┃　　　　　 ┃ 副交感神経

意識できる。

意識とは無関係

① 自律神経のはたらき

大脳の支配を受けず，**自分の意思とは無関係にはたらく**末梢神経が，自律神経系だ。自律神経系は，主に内臓器官に分布していて，そのはたらきを調節している。たとえば，はげしい運動をしたときに，心臓の拍動（はくどう）を促進させたり，呼吸を速くしたりするはたらきをしているんだ。

自律神経系には，交感神経と副交感神経の2系統がある。交感神経と副交感神経は，たがいに**拮抗的（きっこうてき）に**はたらく。拮抗的とは，対抗的とか反対的という意味だ。つまり，片方がアクセルなら，もう一方はブレーキのようなはたらきをするんだ。

次の表は，いろいろな器官に対して，交感神経と副交感神経がはたらくと，どうなるかを示したものだ。

■ヒトの自律神経系のはたらき

支配器官	交感神経	副交感神経
瞳孔（どうこう）	拡　大	縮　小
心臓の拍動（はくどう）	促　進	抑　制
気管支	拡　張	収　縮
体表の血管	収　縮	（分布していない）
立毛筋（りつもうきん）	収　縮	（分布していない）
胃腸のぜん動	抑　制	促　進
ぼうこう（排尿）	抑　制	促　進

ややこしくて，覚えられない……

これらを一つひとつ覚えるのではなく，それぞれの神経がはたらく場面を覚えておいて，経験則から導き出すといい。

交感神経は，**緊張したとき，恐怖を感じたとき，闘争的なとき**に，はたらくんだ。たとえば，恐怖を感じると，ドキドキし（心臓の拍動促進），顔は青ざ

め（体表の血管収縮），鳥肌が立つ（立毛筋収縮）という経験をしたことがあると思う。草食動物が肉食動物に追いかけられているときなども，交感神経がはたらいている。そんなとき，草食動物が便意をもよおしたら大変だよね。だから，胃や腸などの消化器官は，はたらきが抑制されるんだ。

これに対して，副交感神経は，**食後ゆっくりしているとき**などにはたらくんだ。食べ物を消化・吸収して血や肉にする。すなわち，養分を体に蓄えるはたらきをするのが副交感神経だ。だから消化器官のはたらきが促進されるんだ。

② 自律神経の分布

自律神経の中枢は**間脳の視床下部**にある。**交感神経**は，脊髄の**胸髄**と**腰髄**から出ている。これに対して，**副交感神経**は，**中脳**と**延髄**，そして**仙髄**（脊髄のお尻のあたり）から交感神経を避けるように出ている。とくに，延髄から出ている副交感神経は，内臓器官に広く分布していて，**迷走神経**とよばれる。

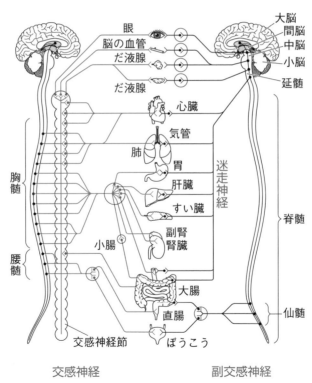

■自律神経の分布

③ 神経細胞の構造と情報伝達のしくみ

自律神経がそれぞれの器官とくっついている部分では，神経の末端から**神経伝達物質**が分泌され，これが器官に作用することで，信号が伝えられる。哺乳類の場合，**交感神経**の末端から**ノルアドレナリン**が，**副交感神経**の末端からは**アセチルコリン**が分泌される。

ちなみに，運動神経の末端から分泌される神経伝達物質もアセチルコリンだ。

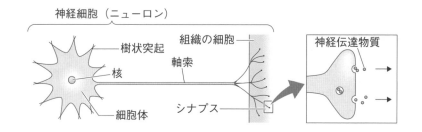

《POINT⑪》 神経伝達物質

◎ノルアドレナリン ➡ 交感神経の末端から分泌される。

◎アセチルコリン ➡ 副交感神経と運動神経の末端から分泌される。

---

④ 心臓の拍動の調節

1921年にレーウィ（ドイツ）は，2匹のカエルから心臓を取り出し，下の図のようにチューブで結んで，リンガー液*が一方の心臓から他方の心臓へ流れるような装置をつくった。心臓には拍動のリズムを自発的に生み出す**ペースメーカー**（洞房結節）（▶P. 152）があるため，心臓は取り出したあとも，拍動を続ける。

*リンガー液：体液と同じ濃度になるように，さまざまな塩類を溶かした水溶液

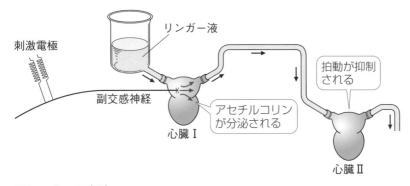

■レーウィの実験

　レーウィが，**心臓Ⅰ**につながる副交感神経を電気刺激したところ，**心臓Ⅰ**の拍動が抑制され，少し遅れて**心臓Ⅱ**の拍動が抑制された。**心臓Ⅱ**は，神経による刺激を受けていないのだから，物質によって拍動が抑制されたと考えられる。

　つまり，副交感神経の末端から分泌された化学物質（後にアセチルコリンとわかる）が，まず**心臓Ⅰ**に作用して拍動を抑制し，リンガー液にのって**心臓Ⅱ**に流れ込み，**心臓Ⅱ**の拍動を抑制したんだ。

　次に，私たちの体の中で，心臓の拍動がどのように調節されているのかをみてみよう。運動などで筋肉が呼吸を行い，血液中の**二酸化炭素の濃度**が高くなると，延髄にある心臓拍動の中枢が興奮する。この興奮が**交感神経**を通じて心臓の洞房結節に伝えられると，**心臓の拍動数が増加する**。

　これとは反対に，安静にしているときなど，血液中の二酸化炭素の濃度が低くなると，**副交感神経**を通じて興奮が心臓の洞房結節に伝えられ，**拍動数が減少する**んだ。

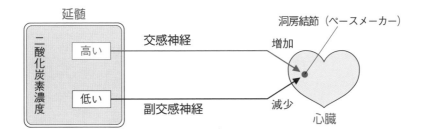

① **ヒトの脳**

ヒトの脳は，大脳，間脳，中脳，小脳，延髄に分けられる。とくに**間脳**，**中脳**，**延髄**は生命維持にかかわっているので，まとめて脳幹とよばれる。

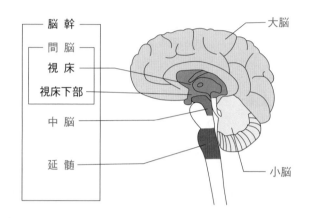

大脳		視覚や聴覚などの感覚。意識による運動。記憶・思考・感情などの中枢がある。
間脳	視床	感覚神経（嗅覚を除く）の中継点となる。
	視床下部	自律神経系と内分泌系の中枢となる。 血糖濃度・体温・血圧などを調節する。
中脳		姿勢の保持・眼球運動・瞳孔反射などの中枢。
小脳		体の平衡を保ったり，筋肉運動の調節を行う。
延髄		呼吸運動や心臓の拍動，だ液分泌などの中枢。

② 脳死と臓器移植

　脳はとても重要な器官だ。とくに脳幹がはたらきを失うと，生命にかかわることになる。ここでは，死の基準についてみておこう。

- **一般的な死**…呼吸運動の不可逆的な停止・心臓の不可逆的な停止・瞳孔反射の消失をもって人の死とする。
- **脳　死**…**脳幹を含むすべての脳が不可逆的に機能を停止した状態**。自力で呼吸ができず，心臓の拍動も停止する。しかし，人工呼吸器をつけることで呼吸を維持し，心臓を動かしておくことができる。欧米をはじめ多くの国では脳死を人の死としている。
- **植物状態**…大脳の機能は停止しているが，**脳幹が機能している状態**。人工呼吸器がなくても，自力で呼吸ができる。

　脳死の状態であっても，脳以外の臓器は正常に機能していることが多いため，脳死患者の心臓や肝臓などを，ほかの患者に移植する医療（臓器移植）が行われている。臓器移植には，脳死患者本人の脳死判定前の意思表示や，家族の承諾が必要だ。

STORY 2 　ホルモンによる調節

1 ホルモン 〉★★★

① ホルモンって何？

　体の特定の部分でつくられて，血液にのってほかの部分に運ばれて，特定の器官や組織のはたらきを調節する物質を**ホルモン**という。
　ホルモンを分泌する器官を内分泌腺といい，ホルモンがはたらきかける器官を 標 的器官という。
　内分泌腺は，汗や胃液を分泌する**外分泌腺**とは異なり，**排出管（導管）をもっていない**。そのため，分泌物は体外には分泌されず，近くを通る血管に入って血液によって全身に運ばれるんだ。

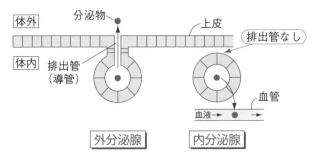

■外分泌腺と内分泌腺の違い

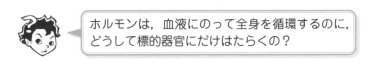

ホルモンは，血液にのって全身を循環するのに，
どうして標的器官にだけはたらくの？

　標的器官を構成する細胞（**標的細胞**）には，そのホルモンとだけ結合する**受容体（レセプター）**が存在するからだよ。受容体をもたない細胞には，ホルモンの影響は現れないんだ。

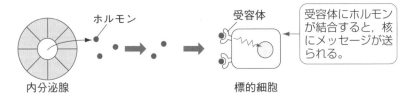

発展 ホルモンの受容体

　ホルモンには，水に溶ける**水溶性ホルモン**（グルカゴン，アドレナリン，甲状腺刺激ホルモンなど）と脂質に溶ける**脂溶性ホルモン**（チロキシン，糖質コルチコイドなど）がある。細胞膜はリン脂質でできているので，水溶性ホルモンは細胞膜を通ることができないけど，脂溶性ホルモンは細胞膜をそのまま通過して細胞内にまで入ることができる。そのため，水溶性ホルモンの受容体は細胞膜の外側表面に存在し，ホルモンが結合すると酵素を活性化し，そのはたらきによって細胞内であらためて情報伝達物質がつくられる。そして，この伝達物質がさらに酵素を活性化して特定の生理作用が現れる。これに対して，脂溶性ホルモンは細胞内（核内）にある受容体に結合する。すると，ホルモンと受容体の複合体は直接遺伝子を活性化し，その結果，特定の生理作用が現れるんだ。

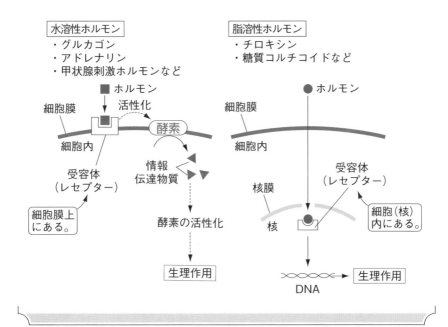

② ヒトの内分泌腺

ヒトの代表的な内分泌腺とホルモンを，下の図と次のページの表にまとめたよ。

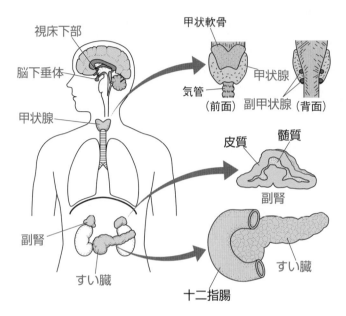

■ヒトの主な内分泌腺

次のページでホルモンを確認しよう。

■ヒトの主なホルモン

内分泌腺		ホルモン	はたらき
視床下部		放出ホルモン 放出抑制ホルモン	●脳下垂体前葉ホルモンの分泌の促進または抑制
脳下垂体	前葉	成長ホルモン	●タンパク質合成の促進・血糖濃度の増加 ●骨の発育促進・体の成長促進
		甲状腺刺激ホルモン	●甲状腺ホルモンの分泌促進
		副腎皮質刺激ホルモン	●糖質コルチコイドの分泌促進
	後葉	バソプレシン (血圧上昇ホルモン)	●血圧の上昇促進 ●腎臓の集合管での水分の再吸収促進
甲状腺		甲状腺ホルモン (チロキシンが代表的)	●代謝(呼吸)の促進 ●成長と分化の促進(両生類では変態促進)
副甲状腺		パラトルモン	●血液中のカルシウムイオン濃度の上昇
副腎	髄質	アドレナリン	●グリコーゲンの分解, 血糖量の増加
	皮質	糖質コルチコイド	●タンパク質からの糖の合成, 血糖濃度の増加
		鉱質コルチコイド	●細尿管でのナトリウムイオンの再吸収とカリウムイオンの排出を促進
すい臓 (ランゲル ハンス島)		インスリン	●グリコーゲンの合成と, 組織での呼吸による糖の消費を促進, 血糖濃度の減少
		グルカゴン	●グリコーゲンの分解, 血糖濃度の増加

まずは，これを覚えなきゃならないんですか～？

　いや，この表をまるまる覚えることにそれほど意味はない。ホルモンは，ケーススタディで覚えていくべきなんだ。たとえば，運動後，血糖濃度が下がっ

たときは，どんな経路で，どんなホルモンが分泌され，その結果，体にどういう反応が起こるのか，ということを，順を追って覚えていくんだ。詳しくは，P. 184で学ぶよ。

　さて，ここでもう一つ，知っておいてほしいのは，**ホルモンを分泌する神経細胞**（神経分泌細胞という）**がある**ということなんだ。そして，このような神経細胞によるホルモン分泌を神経分泌というよ。

　間脳の視床下部から分泌されるホルモン（**放出ホルモン**，**放出抑制ホルモン**）と，**脳下垂体後葉**から分泌されるホルモン（**バソプレシン**）は神経分泌だ。

　放出ホルモン・放出抑制ホルモンは，血液によって脳下垂体前葉に運ばれて，そこで作用する。バソプレシンは，視床下部にある細胞体でつくられ，軸索内を輸送され，後葉に蓄えられたあと分泌される。

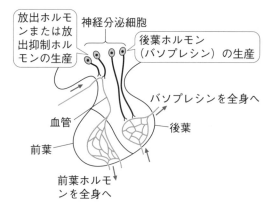

■脳下垂体における神経分泌

2　ホルモン量の調節　―フィードバック調節― ＞★★★

　ホルモンはとても微量ではたらき，多すぎても少なすぎても不都合が生じることがある。そのため，ホルモン量はとても微妙な調節がされているんだ。

　ここで，甲状腺から分泌される**チロキシン**を例にとって，ホルモン量の調節のしくみをみていくことにしよう。チロキシンは，ヒトでは組織での**代謝を促進し，体温を上昇させる**はたらきがあり，カエルなどの両生類では，**変態を促進する**はたらきをもつホルモンだ。

　甲状腺単独ではチロキシンを分泌することができない。甲状腺の"上司"にあたる脳下垂体前葉からの命令が必要なんだ。そして，この命令は，甲状腺刺

激ホルモンというホルモンによって甲状腺に伝えられる。さらに，脳下垂体前葉にも，間脳視床下部という"上司"がいて，そこから出される**甲状腺刺激ホルモン放出ホルモン**による命令を受けているんだ。

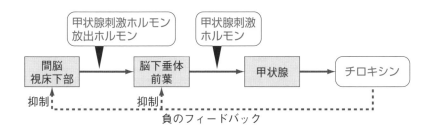

負のフィードバック

　チロキシンが出すぎちゃった場合は，どうするか？　チロキシンは血液で運ばれて全身を循環するので，その一部が間脳の視床下部を通過する。このとき，**視床下部**は，チロキシンの生産量が適切かどうかを判断して，多すぎる場合は，甲状腺刺激ホルモン放出ホルモンの量を減らすんだ。その結果，甲状腺刺激ホルモンの量も減るので，甲状腺からのチロキシン分泌量も減るんだ。

　このように，最終的につくられた物質やその効果が，はじめの段階にもどって作用することを**フィードバック**という。ふつう，ホルモンの分泌量は，フィードバックによって調節されている。

　チロキシンの場合は，血中のチロキシンが間脳視床下部からの放出ホルモンの分泌を抑制する。このように最終的なはたらきの効果が逆になるように，前の段階にはたらきかけることを，とくに**負のフィードバック**というよ。

《 POINT 12 》 フィードバック調節

　◎フィードバック ➡ 最終的につくられた物質やその効果が，
　はじめの段階にもどって作用すること

　ネズミの甲状腺を除去し，10日後に調べたところ，除去しなかったネズミに比べて代謝の低下がみられた。また，血液中にチロキシンを検出できなかった。除去手術後5日目から，一定量のチロキシンをある溶媒に溶かして5日間注射したものでは，10日後でも代謝の低下は起こらなかった。この結果から，チロキシンは代謝を高めるようにはたらいていると推論した。

問1　上の推論を証明するためには，ほかにも実験群（対照実験群）をいくつか用意して比較観察する必要があった。最も必要と考えられる対照実験群を，次の①〜④から一つ選びなさい。

①　甲状腺を除去せず，チロキシンを注射しない群

②　チロキシン注射に加えて，除去手術後5日目に甲状腺を移植する群

③　除去手術後5日目から，この実験に用いた溶媒だけを注射する群

④　この実験に用いた溶媒と異なる種類の溶媒に溶かしたチロキシンを除去手術直後から注射する群

問2　甲状腺を除去してから10日後に代謝の低下がみられたネズミの血液中で，最も増加していると推定されるホルモンを，次の①〜⑤から一つ選びなさい。

①　甲状腺刺激ホルモン　　②　成長ホルモン

③　バソプレシン　　　　　④　アドレナリン

⑤　インスリン

問3　問2で選んだホルモンが増加する理由として最も適当なものを，次の①〜⑤から一つ選びなさい。

①　ネズミは興奮状態になり，交感神経の活動が促進されるため

②　代謝の低下が水分調節に影響するため

③　チロキシンによる抑制作用がなくなるため

④　チロキシンによる促進作用がなくなるため

⑤　チロキシンの分泌が10日後に再び高まるため

〈センター試験・改〉

問1 チロキシンに代謝を高めるはたらきがあるということを証明するためには，**チロキシンを与えなければ，代謝が低下したままであること**を示す必要がある。このとき，チロキシン以外の操作はすべて，チロキシンを注射した実験と同じにしなければならない。したがって，答えは③だ。注射のチクッとした刺激や溶媒自体には，代謝を高める効果がないことを確かめるんだ。

問2，3 通常，チロキシンは間脳視床下部や脳下垂体にはたらきかけて，放出ホルモンや甲状腺刺激ホルモンの分泌を抑制している（P. 181の図を見よう）。これを**負のフィードバック**という。甲状腺を除去したネズミでは，血液中のチロキシンがなくなってしまうので，**チロキシンによる抑制作用**がなくなり，放出ホルモンや甲状腺刺激ホルモンの分泌量が異常に高くなるんだ。

═══ ✓ 解答 ═══

問1　③　　問2　①　　問3　③

発展　ホルモンの発見

　胃の内容物が十二指腸へ送られると，うまいタイミングですい臓からすい液が分泌される。当初，この現象は神経によると考えられていたけど，ベイリスとスターリングは，十二指腸に分布する神経をすべて切断したうえで，十二指腸内に塩酸（胃酸の成分だ）を注入したところ，すい臓からすい液が分泌されることを確認した。神経はすべて切断されているので，十二指腸からすい臓へ情報を伝えたのは何らかの物質だと考えられるよね。

　そこで，十二指腸の内壁を取り出し，塩酸を加えてからすりつぶしたものを，すい臓につながる血管に注射したところ，すい臓はすい液を分泌した。これにより，塩

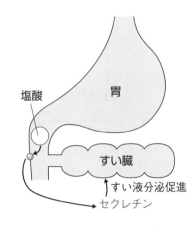

酸の刺激を受けた十二指腸から「何らかの物質」がつくられ，これが血流に乗ってすい臓まで送られてすい液の分泌を促すことがわかった。ベイリスらは，この「何らかの物質」を**セクレチン**（**secretin**）と名づけたんだ（1902年）。ちなみに，セクレチンという名前は，分泌＝ secretion からつけられたんだよ。

自律神経系とホルモンによる調節

1 血糖濃度の調節 〉★★★

　ホルモンと自律神経系は，おたがいに協力し合って恒常性を維持している。その一つの例が，**血糖濃度の調節**だ。

　血液中のグルコースの量（**血糖濃度**という）は，ほぼ**0.1%**（＝**0.1g／100mL**）に保たれている。血糖濃度は，食事などによって上昇し，運動などによって低下するんだけど，ホルモンと自律神経のはたらきによって，またもとの約0.1%にもどるんだ。

① 血糖濃度が低下したとき

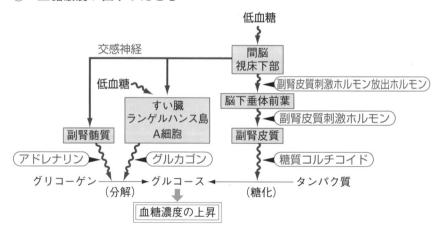

■血糖濃度を上昇させるしくみ

❶ 　**低血糖**を間脳の視床下部が感知すると，**交感神経**が興奮し，**副腎髄質**を刺激する。これにより，副腎髄質から**アドレナリン**が分泌される。

❷ 　交感神経はまた，すい臓の**ランゲルハンス島A細胞**を刺激し，**グルカゴン**の分泌を促す。また，**ランゲルハンス島A細胞**は，直接低血糖を感知できるので，交感神経の刺激がなくても，**グルカゴン**を分泌できる。

❸ 　さらに，間脳の視床下部は副腎皮質刺激ホルモン放出ホルモンを分泌して脳下垂体前葉を刺激し，**副腎皮質刺激ホルモン**の分泌を促す。副腎皮質刺激ホルモンは，**副腎皮質**に作用して**糖質コルチコイド**の分泌を促す。

❹ 　アドレナリンとグルカゴンは，肝臓などに蓄えられている**グリコーゲン**を分解して**グルコース**にすることで，血糖濃度を上昇させる。糖質コルチコイドは，組織のタンパク質を分解して，糖に変えることで，**血糖濃度を上昇させる。**

② 　**血糖濃度が上昇したとき**

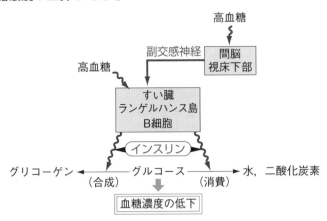

■血糖濃度を低下させるしくみ

❶ 　**高血糖**を間脳の視床下部が感知すると，副交感神経が興奮し，すい臓のランゲルハンス島**B**細胞を刺激する。また，ランゲルハンス島**B**細胞は直接高血糖を感知する。これにより，**B**細胞から**インスリン**というホルモンが分泌される。

❷ 　インスリンは，**組織でのグルコースの消費を促す**とともに，**肝臓でのグルコースからグリコーゲンへの合成を促進する**ことで，**血糖濃度を低下させる。**

　高血糖になったとき，血糖濃度を低下させるホルモンはインスリンしかない。そのため，このしくみがうまくはたらかなくなると，血糖濃度が高い状態が続き，腎臓での糖の再吸収が追いつかなくなり，尿中にグルコースが排出されてしまうことがある。これを糖尿病という。

　糖尿病は，原因の違いからⅠ型とⅡ型がある。**Ⅰ型糖尿病は，すい臓のランゲルハンス島B細胞が破壊され，インスリンの分泌が低下することで発症する。Ⅱ型糖尿病は，生活習慣や遺伝あるいは加齢などが原因で，標的細胞のインスリンに対する応答性が低下することで発症する**んだ。

　次のグラフは，食後の血糖濃度とインスリンの血中濃度を，健康な人，Ⅰ型糖尿病患者，Ⅱ型糖尿病患者で比較したものだ。それぞれに次のような特徴がみられるよね。

● **健康な人**…血糖濃度とインスリンの濃度がパラレルに変動する。
● **Ⅰ型糖尿病患者**…食後，血糖濃度が上昇してもインスリンの濃度が上昇しない。
● **Ⅱ型糖尿病患者**…食事の前から血糖濃度は高く，インスリンの濃度が上昇しても血糖濃度が低下しない。

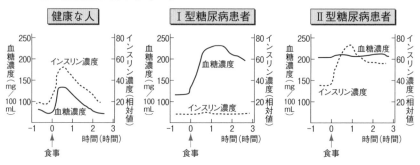

低血糖のときは交感神経が，高血糖のときは
副交感神経がはたらくのはどうしてですか？

　低血糖の状態は，動物にとって危機的な状況だ。なぜなら，私たちの脳は血糖を唯一のエネルギー源として活動しているため，ひどい低血糖の状態になると脳が活動をやめてしまう。最悪の場合，死に至ることもあるんだ。だから，低血糖のときは危機的な状況ではたらく交感神経が興奮するんだ。おなかが減ると，イライラしだす友達っているよね。それは交感神経が優位になっているせいだ。そんなときは，飴（あめ）かチョコレートをあげよう。血糖濃度が増加すれば，イライラもおさまるはずだ。

　これに対して高血糖の状況は，それほど危機的ではない。もちろん，高血糖が長い期間続くと，眼の網膜（もうまく）や手足の血管がダメージを受けるんだけど，目前にある危機というわけではない。そして思い出してほしいのは，副交感神経がはたらくのは食後だということ。**血糖濃度が上昇するのも食後なので，高血糖時に副交感神経がはたらくのは理にかなっている**んだ。

　ここで野生動物の生活を想像してみることにしよう。頻繁に空腹にさらされることはあっても，一日三食，満腹になるなんて状況はめったにないだろう。そのため，進化の過程で，低血糖に対処するための経路がいくつも必要だったのに対して，高血糖時の経路は1つで十分だったんだ。ヒトが，現在のように一日三食，食べるようになったのは，農耕を始めてからだといわれている。ところが，体のしくみはいまだに野生動物のままだ。そのため，1つしかない高血糖になったときの経路が1日に3回もはたらくようになり，負担がかかるようになった。そのしくみに生じた“ほころび”が，糖尿病だと言うことができるんだ。

《POINT⑬》 血糖濃度の調節

◎**低血糖のとき** ➡ 交感神経＋（アドレナリン，グルカゴン，
　糖質コルチコイド）

◎**高血糖のとき** ➡ 副交感神経＋インスリン

発展 グリコーゲン

グリコーゲンは，主に**肝臓**や**筋肉**に蓄えられている炭水化物で，グルコース（右の図では◯で示す）が鎖状につながった分子だ。だから，分子の形は植物がつくるデンプンに似ているよ（でも，デンプンは動物の体の中ではつくられない）。

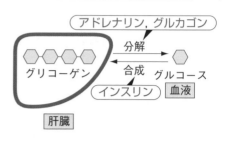

血糖濃度を上げる場合は，酵素がグリコーゲンの鎖を端からちょん切ってグルコースにし，逆に，血糖濃度を下げる場合は，グルコースをグリコーゲンの鎖の端につなげて伸ばしていくんだ。グリコーゲンは，いわば，グルコースが束ねられた"貯蓄"の形と言えるんだ。

2 体温の調節 〉★★☆

哺乳類や鳥類の体温は一定の範囲に保たれている。これも，ホルモンと自律神経系のはたらきによる。

① 寒いとき

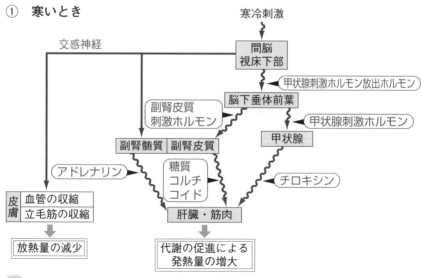

❶ 皮膚が寒さを感じると，その興奮が感覚神経を通じて**間脳の視床下部**<ruby>かんのう<rt></rt></ruby>へ伝えられる。すると，間脳視床下部は**交感神経**を興奮させる。

❷ 交感神経は**皮膚の血管を収縮**させ，血液から逃げる熱量を減らす。また，体毛をもつ哺乳類では**立毛筋**を収縮させ，空気の層をつくることで，**放熱量を減らす**。

❸ さらに，交感神経は副腎髄質を刺激して**アドレナリン**の分泌を促す。これにより，血糖濃度が上昇して代謝がさかんになり，**発熱量が増える**。

❹ アドレナリン以外にも，甲状腺から分泌される**チロキシン**や，副腎皮質から分泌される**糖質コルチコイド**のはたらきで，肝臓や筋肉での代謝がさかんになり，**発熱量が増える**。

② 暑いとき

❶ 暑いときには，「寒いとき」にはたらく交感神経のはたらきが抑制されることで，皮膚の血管が拡張し，立毛筋が弛緩する。

❷ 汗腺に分布する交感神経の興奮により発汗し，**放熱量が増える**。

「寒いとき」にも「暑いとき」にも，
交感神経がかかわっているんだ。

| 問題 ❷ | **血糖濃度調節** ★★★ |

　図1～3は，ヒトにグルコースを飲ませたあとの血糖濃度と，血糖濃度を調節する2種のホルモン（A，Bとする）の血液中の濃度の変化を示したものである。図中の細い矢印はグルコースを与えた時点を示す。またホルモンや血糖濃度は，グルコースを与える直前のそれぞれの濃度を1とした相対値で示してある。

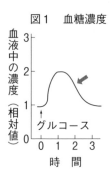
図1　血糖濃度

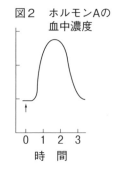
図2　ホルモンAの
　　　血中濃度

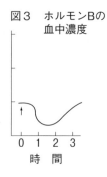
図3　ホルモンBの
　　　血中濃度

問1　ホルモンAの名称を，次の①～⑥から一つ選びなさい。

① パラトルモン　　　② インスリン

③ バソプレシン　　　④ アドレナリン

⑤ グルカゴン　　　　⑥ 甲状腺刺激ホルモン

問2　ホルモンAが分泌される器官を，次の①～⑤から一つ選びなさい。

① 副　腎　　② 脳下垂体　　③ すい臓

④ 副甲状腺　　⑤ 甲状腺

問3　ホルモンBは，ホルモンAと同じ器官から分泌される。ホルモンBの名称を，問1の選択肢から一つ選びなさい。

問4　図1において，太い矢印で示される血糖濃度の低下は，どのようにして起こるか。適当なものを，次の①～④から一つ選びなさい。

① 糖が汗の中に排出される。

② 糖が主にすい臓に取り込まれる。

③ 糖が尿中に排出される。

④ 糖が主に筋肉や肝臓に取り込まれる。

問5　体のある部分の興奮が高まると，とくにグルコースを与えなくても，一時的に血糖濃度が上昇することがある。ここでいう体のある部分とは何か。適当なものを，次の①～④から一つ選びなさい。

① 大脳皮質　　② 小　脳

③ 交感神経　　④ 副交感神経

問6　問5の現象に最も大きな関係をもつホルモンは何か。適当な
ものを，次の①〜⑤から一つ選びなさい。
① バソプレシン　　② 糖質コルチコイド
③ 鉱質コルチコイド
④ アドレナリン　　⑤ チロキシン　　　　〈センター試験〉

================ ☑解説 ================

問1　ホルモンAの描くカーブは，血糖濃度のカーブと似ているよね。つまり，
血糖濃度が上がると分泌されるんだ。したがって，血糖濃度を下げるホルモ
ン，**インスリン**だ。インスリンのはたらきにより，血糖濃度が下がると，イ
ンスリンの分泌量も減るんだ。

問2　インスリンが分泌されるのは，すい臓（**ランゲルハンス島B細胞**）だ。

問3　図3より血糖濃度が上がると，ホルモンBの分泌量は下がっている。
むしろ，グルコースを飲ませる前（空腹時）に多く分泌されているんだ。こ
れは血糖濃度を上昇させるホルモンであることを示している。そして，イン
スリンと同じすい臓から分泌されるのだから，**グルカゴン**とわかる。

問4　インスリンのはたらきにより，血液中のグルコースは，**筋肉や肝臓に取
り込まれてグリコーゲンに合成される**んだったよね。
①のように，グルコースが汗に含まれることはないけど，じつは，③のよう
に，グルコースが尿中に排泄されることはあるんだ。いわゆる糖尿病だ。糖
尿病の患者は，血糖濃度が高いため，腎臓での再吸収の能力をオーバーし，
糖の一部が尿に出てしまうんだ。
　でも，正常なヒトの場合，血糖濃度が平常時の2倍になったくらいでは，
尿に糖は含まれない。
　また，図1からわかるように，3時間後には正常値にもどるんだ。

問5，6　交感神経が興奮すると，副腎髄質からはアドレナリン，すい臓から
はグルカゴンが分泌され，血糖濃度が増加するんだったよね。
④の副交感神経が興奮すると，逆に血糖濃度は下がってしまうよ。

================ ☑解答 ================

問1 ②　　問2 ③　　問3 ⑤　　問4 ④　　問5 ③　　問6 ④

- ☑ ❶ 交感神経が興奮すると瞳孔はどうなるか。
- ☑ ❷ 副交感神経が興奮すると心臓の拍動はどうなるか。
- ☑ ❸ ホルモンがはたらきかける特定の器官を何というか。
- ☑ ❹ 最終的につくられた物質やその効果が，はじめの段階に作用するホルモン量の調節のしかたを何というか。
- ☑ ❺ 甲状腺を除去したネズミでは，甲状腺刺激ホルモンの分泌量はどうなるか。
- ☑ ❻ ヒトの血糖量は約何％か。
- ☑ ❼ 血糖濃度が低下したときに興奮する自律神経は何か。
- ☑ ❽ 糖質コルチコイドが分泌される内分泌腺名を答えよ。
- ☑ ❾ 血糖濃度が上昇したときに分泌されるホルモン名と内分泌腺名を答えよ。
- ☑ ❿ 寒冷刺激により交感神経が興奮すると，皮膚ではどのような反応が起こるか。二つ答えよ。

◀◀ 解答 ▶▶

❶拡大する　❷抑制される　❸標的器官　❹フィードバック調節　❺増加する　❻0.1%　❼交感神経　❽副腎皮質　❾インスリン，すい臓のランゲルハンス島B細胞　❿血管の収縮，立毛筋の収縮

第4章 免 疫

▲体の防御システムをみていこう。

STORY 1 　生体防御

　恒常性を維持するために，私たち，ヒトの体には異物（生体外の物質）の侵入を防ぐしくみがある。これを**生体防御**といい，大きく3つの段階よりなる。皮膚や粘膜では，異物が体内に侵入しないように物理的・化学的な防御で阻止している。しかし，皮膚や粘膜にキズを負うと，そこから病原体などの異物が侵入してくることがある。このような体内への侵入者を排除するしくみが**免疫**だ。免疫には大きく**自然免疫**と**獲得免疫**（適応免疫）があり，ともに**白血球**が重要な役割を果たしている。

①物理的・化学的防御 皮膚や粘膜での防御	→	②自然免疫 食作用や炎症による 非特異的な応答	→	③獲得免疫 体液性免疫・細胞性免疫による特異的な応答

1 皮膚での防御 ＞ ★★☆

皮膚の上皮は細胞どうしがぴったり密着していて異物が侵入しにくくなっている。さらに，表面は水分を失った**死細胞が重なって角質層を形成しているためウイルスが侵入できなくなっているんだ**。なぜなら，ウイルスは生きている細胞にしか感染できないからだ。

また，皮膚の皮脂腺や汗腺の分泌物が皮膚を弱酸性に保つことによって**細菌の増殖を防いで**いる。さらに，汗や涙・鼻水といった分泌物に含まれる酵素**リゾチームは細菌の細胞壁を分解**し，**ディフェンシンは細胞膜を破壊**する。

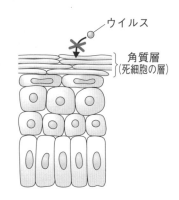

ウイルス

角質層（死細胞の層）

2 粘膜での防御 ＞ ★★☆

これに対して，細胞が直接外界と接する気管支や消化管の内面は粘膜（ねんまく）となっている。粘膜の細胞は**粘液**（ねんえき）を分泌して表面を覆うことで，異物が直接細胞に接触することを防いでいる。**気管支では，繊毛**（せんもう）**運動により異物を体外へ送り出している**（粘膜に包まれた異物がいわゆるタンというやつだね）。これに加えて，**咳やくしゃみも異物を排除するための反応だ。また胃では，食物といっしょに入ってきた細菌やウイルスを胃酸と酵素によって化学的に分解し死滅させるんだ**。

《POINT ⓮》物理的・化学的防御

皮膚 ➡ 角質層がウイルスをブロックする。
　　 ➡ リゾチームが細菌を破壊する。
粘膜 ➡ 気管支では繊毛運動で異物を体外へ送り出す。
　　 ➡ 胃では胃酸と酵素で病原体を死滅させる。

自然免疫

体内に侵入する細菌やウイルスのような異物を，その種類に関係なく（非特異的に）排除するしくみが**自然免疫**だ。自然免疫にかかわる白血球には，**好中球**や**マクロファージ**（単球より分化），**樹状**細胞などの**食作用**をもつものと，リンパ球の一種である **NK 細胞**（ナチュラルキラー細胞）がある。

● 好 中 球

異物が侵入した部位にただちに集まり，食作用により異物を取り込む。病原体の種類にかかわらず，いつも同じ攻撃（食作用）をしかける（これを**非特異的**な反応という）。**好中球は取り込んだ病原体とともに死んでしまうことが多く，寿命は短い。**でも，心配はいらない。好中球はとても数が多く，血液中の白血球のじつに半数以上が好中球なんだ。

好中球

● 単球・マクロファージ

組織に異物が侵入すると，血液中の**単球**という白血球が血管の壁をすり抜けてその組織に入り込み**マクロファージ**に分化する。**マクロファージはアメーバのような，形の定まらない細胞で，**異物を非特異的に食べる。寿命は長く，次に説明する**獲得免疫にもかかわっていて，異物の情報を伝える役割もしている。**

マクロファージ

● 樹状細胞

おもに皮膚や鼻腔，肺，腸管といった外界と接触する組織に存在し，名前のとおり枝状の突起を伸ばしている。**異物を食作用により取り込み，マクロファージと同様，獲得免疫にもかかわっている。**

樹状細胞

● NK細胞

ウイルスなどに感染した細胞やがん細胞を攻撃して排除する。ウイルスなどに感染した細胞は，その表面に特有の変化が起こり，NK細胞はこれを感知する。

NK細胞

《POINT ⑮》 自然免疫

◎ 自然免疫 ➡ 好中球・マクロファージ・樹状細胞の食作用による非特異的な免疫

発展　炎症や発熱と自然免疫

　自然免疫が活発にはたらいている部位では，よく炎症（えんしょう）が起こる。炎症は傷ついた組織の細胞からヒスタミンやプロスタグランジンといった警報物質が分泌されることで引き起こされる。これらの物質の作用で血管が拡張し，毛細血管の透過性が高まって組織にしみ出る水分が増えると，水ぶくれや鼻水（鼻炎（びえん）の場合）といった症状となるんだ。また，神経が刺激されることで痛みをともなうこともある。

　炎症が起こっている部位には，好中球やマクロファージが集まって活発な食作用により多くの好中球が死滅する。その残骸が膿（うみ）となる。また，マクロファージは侵入した病原体や死滅した好中球を食べるとともに，**インターロイキン**（**IL**）とよばれる物質を血液中に放出する。インターロイキンはホルモンのような情報伝達物質で，間脳の視床下部に作用すると体温上昇すなわち発熱を引き起こす。発熱により，白血球の食作用はさらに活性化し，組織の修復も早まる。つまり，炎症や発熱というのは不快なものだけど，自然免疫を活発化し，組織の修復を早めるための体の反応というわけなんだ。

獲得免疫

　自然免疫の防御を突破した侵入者には，第三の防御機構として**獲得免疫**（適_{てき}応免疫）がはたらく。獲得免疫の特徴は**記憶**と**特異性**だ。獲得免疫にかかわる**リンパ球が，侵入した異物の特徴を記憶して，2度目以降の侵入時には速やかに効率的に対処する。**はしかなどの感染症は，はじめてかかったときには発熱などの重い症状が現れるけど，2度目以降は症状が軽くてすむのはそのためだ。

　獲得免疫で重要な役割を果たす**リンパ球**には，**T細胞**と**B細胞**がある。**T細胞**は骨髄で生まれて**胸腺**（＝ **Thymus**）で成熟するリンパ球で，役割に応じて**ヘルパーT細胞**や**キラーT細胞**といった種類がある。B細胞は骨髄で生まれて骨髄あるいはひ臓で成熟するリンパ球で，抗体産生細胞に分化して抗体をつくる。

●ヘルパーT細胞

　樹状細胞から抗原情報を受け取り，B細胞に抗体をつくらせたり，キラーT細胞を活性化したりする。

ヘルパーT細胞

●キラーT細胞

　ウイルスや細菌に感染した細胞やがん細胞を破壊する。

キラーT細胞

●B細胞

　ヘルパーT細胞からの刺激により**抗体産生細胞**（形質細胞）に分化し，抗体を産生・分泌する。

B細胞

第1編 生物の特徴
第2編 遺伝情報とDNA
第3編 生物の体内環境の維持
第4編 生物の多様性と生態系

これらのリンパ球がはたらくうえで重要なかかわりをもつのが，樹状細胞だ。獲得免疫は，自然免疫のはたらきで異物を取り込んだ樹状細胞がリンパ節などに移動して，ヘルパーT細胞に異物の情報を伝えることから始まる。

獲得免疫には，抗体によって異物を排除する**体液性免疫**と，キラーT細胞が感染細胞や病原体を直接排除する**細胞性免疫**がある。

《 POINT **16** 》 獲得免疫

◎ 獲得免疫 ➡ 記憶と特異性による免疫
┌➤ 体液性免疫…抗体が異物を排除する。
└➤ 細胞性免疫…キラーT細胞が感染細胞を排除する。

---

1 体液性免疫 〉★★★

体液性免疫とは一言で言うと**抗体がつくられる免疫**のことだ。抗体とは体内に侵入した異物に結合するタンパク質で，**B細胞によってつくられる**。これに対して抗体が結合する相手，つまり非自己と認識された異物を**抗原**という。

では，体液性免疫のしくみで抗体が産生されるまでを説明しよう。まず，体内に侵入した異物を**樹状細胞**が食作用により取り込む（ここまでは**自然免疫**）。すると，樹状細胞は異物を分解し，その一部を細胞の表面に提示する。「こんな侵入者を捕まえたよ～！」という具合にね。これを**抗原提示**というんだ。提示された抗原情報がヘルパーT細胞によって受け取られると，**ヘルパーT細胞が活性化して増殖し，化学物質を分泌してB細胞を活性化する**。するとB細胞は分裂して増殖したのち，**抗体産生細胞に分化して抗体を分泌する**ようになるんだ。ただし，B細胞が抗体をつくるためにはB細胞自身も抗原を認識している必要がある。

分泌された抗体は体液に乗って体中を運ばれ，抗原とだけ特異的に結合する。すると，抗原を表面にもつ異物は身動きがとれなくなり，沈殿物（抗原抗体複合体という）となる。これを**抗原抗体反応**というんだ。そして最後にこの沈殿物をマクロファージや好中球が食作用によって排除すると，後片付けは終了だ。

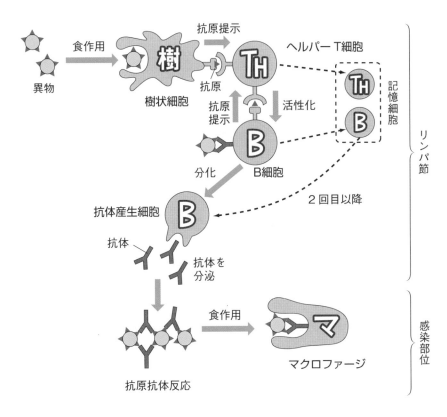

■体液性免疫のしくみ

 P.197で言っていた「2度目以降の侵入時には速やかに効率的に対処する」しくみってどうなっているんですか？

　　ヘルパーT細胞や活性化されたB細胞の一部が記憶細胞として何年もの間体内に残るんだよ。そして次に同じ抗原が侵入したときには，記憶細胞が直ちに増殖して抗体産生細胞になって大量の抗体をつくり，あっという間に抗原を排除するんだ。このような反応を二次応答というよ。

第1編　生物の特徴

第2編　遺伝情報とDNA

第3編　生物の体内環境の維持

第4編　生物の多様性と生態系

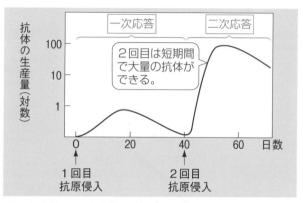

■一次応答，二次応答と抗体の生産量

発 展 **抗体の本体**

　抗体の本体は，**免疫グロブリン**というタンパク質だ。免疫グロブリンは，H
鎖と L 鎖とよばれる 2 種類のポリペプチド鎖（アミノ酸がつながった鎖）が
それぞれ 2 本ずつ組み合わさって Y の字型の構造をしている。抗原と結合す
る部分は Y の字のてっぺんの 2 か所で，この部分は抗体の種類によってそれ
ぞれ異なるので可変部という。可変部と抗原とは，カギ穴とカギのような関係
にあるので，1 種類の抗体がいくつもの異なる抗原と結合することはない。つ
まり，インフルエンザウイルスに対する抗体が，はしかのウイルスに反応する
ということはないんだ。

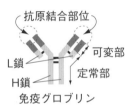

抗原結合部位
可変部
L鎖
定常部
H鎖
免疫グロブリン

抗原Aとだけ
くっつく。
A A
抗原Aに対する抗体

抗原Bとだけ
くっつく。
B B
抗原Bに対する抗体

2 細胞性免疫 ＞★★★

　細胞性免疫は，**抗体がつくられずにT細胞が直接異物を攻撃して排除する免疫**だ。まず，樹状細胞が異物を取り込むと，その分解産物を抗原提示する。そして，この情報はヘルパーT細胞に受け取られる。と，ここまでは体液性免疫といっしょだ。でも，細胞性免疫では，**ヘルパーT細胞がキラーT細胞を刺激し活性化する**んだ。

　キラーって"殺し屋"のことですか？

　そうなんだ。**ウイルスに感染した細胞やガン細胞を認識したキラーT細胞がヘルパーT細胞によって刺激されると，その細胞を直接攻撃して殺してしまうんだ**＊。ウイルスに感染した細胞やガン細胞はもともと"自己"なんだけど，ウイルスが拡散したり，ガン細胞が増殖したりするのを防ぐために，その細胞ごと除去してしまうんだ。

＊：大学などの研究機関では，キラーT細胞は細胞障害性T細胞（CTL）とよばれることが多い。

　なるほど。
　細胞性免疫でも二次応答はあるんですか？

　もちろんある。**一度活性化されたヘルパーT細胞やキラーT細胞の一部が，記憶細胞となって体内に残る**。そして，同じ抗原が再び侵入してきたときには，速やかに増殖して抗原を排除するんだ。

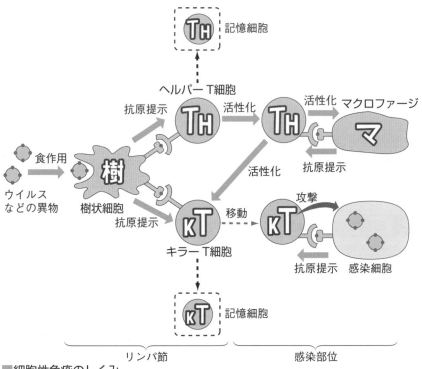

■細胞性免疫のしくみ

　細胞性免疫は，他人の皮膚や臓器を移植した際の拒絶反応にもかかわっている。**非自己と認識された他人の細胞**を，キラーT細胞が攻撃するんだ。また，**ツベルクリン反応**にも細胞性免疫がかかわっているんだ。ツベルクリンの注射液には結核菌がもつ抗原が入っているので，結核に対する抵抗性（記憶細胞）があるかどうかが判断できる。もし，抵抗性がないと判定された場合は，あらためて BCG という結核の予防接種（▶P. 209）を受けるんだ。

((POINT 18)) 細胞性免疫

　◎細胞性免疫 ➡ キラーT細胞が感染細胞やガン細胞を直接
　　攻撃して排除する。
　　　例移植臓器の拒絶反応，ツベルクリン反応

発展 拒絶反応

　異なる系統のマウスの間で皮膚移植を行うと，免疫のしくみがはたらいて拒絶反応が起こるけど，同じ系統のマウスで皮膚移植を行うと拒絶が起こらないように調製された実験用のマウスを使って次のような実験を行った。

〔実験〕

①　A系統マウスの皮膚を一部切り取り，B系統マウスに移植したところ，約10日で拒絶反応が起こり，移植皮膚片は脱落した。

②　一度拒絶反応を経験したB系統マウスに，再びA系統マウスの皮膚片を移植したところ，今度は約5日で拒絶反応（二次応答）が起こった。このことから，この**B系統マウスは免疫記憶をもっている**ことがわかる。

③　このB系統マウスから**リンパ球**と**血清**を取り出し，それぞれを移植を経験したことのない2匹のB系統マウスに注射して，2匹ともにA系統マウスの皮膚片を移植した。

④　**リンパ球**を注射されたB系統マウスは約5日で拒絶反応を起こしたが，血清を注射されたB系統マウスは約10日で拒絶反応を起こした。

　以上の実験から，**拒絶反応の二次応答を起こすのは血清に含まれる抗体ではなく，リンパ球である**ことがわかるよね。移植を経験したマウスには，記憶をもつヘルパーT細胞やキラーT細胞が含まれている。これらのリンパ球が，二次応答を起こしたというわけだ。つまり，拒絶反応には体液性免疫ではなく細胞性免疫のしくみがはたらいているということなんだ。

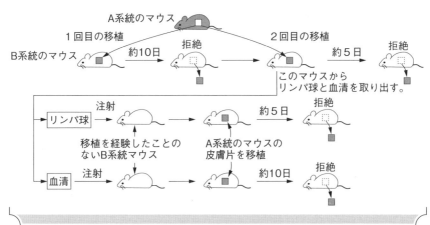

次の文章の（　　）内に適する語句を入れなさい。

体内に侵入したウイルスなどの病原体は，まず好中球やマクロファージ，（ **ア** ）などの白血球に捕食される。異物を取り込んだ（ **ア** ）は，リンパ節に移動し抗原提示をする。抗原情報を認識した（ **イ** ）は活性化し，同じ抗原を認識する（ **ウ** ）を刺激し活性化させる。活性化された（ **ウ** ）は抗体産生細胞になり，抗体を産生し，体液中に分泌する。抗体は抗原と特異的に結合し，抗原を無毒化したりマクロファージによる排除を促進したりする。このように，抗体が関与する免疫のしくみを（ **エ** ）という。これに対して，皮膚の移植片やがん細胞などを（ **オ** ）が直接攻撃して排除するしくみを（ **カ** ）という。

〈オリジナル〉

≪ 解答 ≫

ア—樹状細胞　　　　イ—ヘルパーT細胞　　　ウ—B細胞

エ—体液性免疫　　　オ—キラーT細胞　　　　カ—細胞性免疫

マウスに抗原Aを1回目に注射したところ，血液中の抗体量は次の図の実線のようになった。同じマウスに抗原Aとともに抗原B（抗原Aとは全く異なる非自己成分）を混ぜたものを2回目に注射した場合，抗原Aと抗原Bに対する抗体量はそれぞれどのようになるか。図の(a)〜(c)から一つずつ選びなさい。

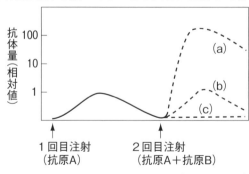

〈オリジナル〉

≡≡≡《✓解説》≡≡≡

1回目の抗原Aの注射で，マウスは抗原Aに対する抗体をつくったので，体内には抗原Aに対する記憶細胞ができているはずだ。したがって，2回目の抗原Aの侵入に対しては(a)の二次応答が起こる。しかし，**抗原Bの侵入ははじめてなので，抗原Bに対しては(b)の一次応答が起こる。**抗原AもBも非自己成分なので，(c)のように抗体が全くつくられないということはないよ。

≡≡≡《✓解答》≡≡≡

抗原A－(a)　　抗原B－(b)

問題 **3**　**ネズミの皮膚移植実験** ★★★

次の実験について，下の問いに答えなさい。

実験1　B系統のネズミにA系統のネズミの皮膚片を移植したところ，約10日で拒絶反応が起こった。

実験2　実験1で拒絶反応を起こしたB系統のネズミに，再びA系統のネズミの皮膚片を移植したところ，約5日で拒絶反応が起こった。

実験3　実験1で拒絶反応を起こしたB系統のネズミの血清を，移植経験のない別のB系統のネズミに注射して，A系統のネズミの皮膚片を移植したところ，約 ア 日で拒絶反応が起こった。

実験4　実験1で拒絶反応を起こしたB系統のネズミのリンパ球を，移植経験のない別のB系統のネズミに注射して，A系統のネズミの皮膚片を移植したところ，約 イ 日で拒絶反応が起こった。

問　実験3と実験4のア，イの──に入る日数をそれぞれ答えなさい。

〈オリジナル〉

　実験2で，約5日で拒絶反応が起こっていることから，このB系統のネズミはA系統の皮膚を異物として認識し，記憶したことがわかる。

　実験3では血清を注射しているけど，拒絶反応は細胞性免疫によって起こり，抗体は関与しないので，この血清の注射には何の効果もなく，一次応答による拒絶反応が起こる。したがって，**実験1**と同様に約**10日**で拒絶反応が起こると考えられる。

　実験4で，**移植経験のあるB系統のネズミからとったリンパ球には，A系統の皮膚を記憶したT細胞が入っている**と考えられる。だから，このリンパ球を移植されたB系統のネズミは，1回目の移植にもかかわらず，約5日で拒絶反応が起こると考えられるんだ。

アー10　　イー5

STORY 5 免疫と疾患

1 アレルギー ＞ ★★☆

　人によっては，食物や薬，花粉など**本来無害なものに対して免疫反応が過敏に起こり**，生体に不都合な反応が現れることがある。これをアレルギーといい，アレルギーを引き起こす抗原をアレルゲンという。

> アレルギーの抗原でアレルゲン！
> 覚えやすい！

　アレルギーには，花粉症（次のページの「発展」を参照）や食物アレルギー，ぜんそくなどがある。アレルギーの中でも，とくに**急激な血圧降下や呼吸困難といった激しい全身の症状**（ショック症状）をともなうものをアナフィラキシーショックというよ。アナフィラキシーショックが起こると死に至ることもあるので，とても危険なんだ。

発展 花粉症

スギやブタクサなどの花粉がアレルゲンとなって，くしゃみや鼻水，目のかゆみといったアレルギー症状が引き起こされる場合，これを花粉症という。花粉症のメカニズムは次のとおりである。

❶ 花粉が鼻の粘膜につくと，花粉が破れて中からアレルゲンとなるタンパク質が流出する。

❷ このタンパク質に対する特定の抗体（**IgE** という）が B 細胞によってつくられる。

❸ この抗体は，粘膜の近くに存在する**肥満細胞**（**マスト細胞**）の表面に結合する。

❹ 再び花粉（のタンパク質）が体内に入ると，肥満細胞の表面にある抗体と結合する。

❺ これがきっかけとなって肥満細胞は**ヒスタミン**などの警報物質を分泌する。ヒスタミンは，上皮細胞や毛細血管に作用して炎症（▶P. 196）をひき起こす。そのため，鼻水や眼のかゆみといった症状が現れる。

鼻水やくしゃみは，花粉をできるかぎり体外に排出しようとする反応だ。

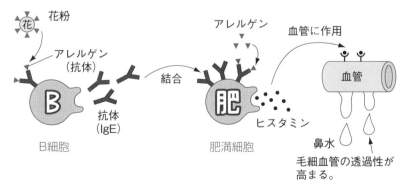

花粉　アレルゲン　血管に作用

アレルゲン（抗体）　結合　血管

B　抗体（IgE）　肥　ヒスタミン

B細胞　肥満細胞　鼻水

毛細血管の透過性が高まる。

2 自己免疫疾患 〉★★★

本来あってはならないことだけど，まれに**自己の成分に対して抗体がつくられたり，キラーT細胞が攻撃したりする**ことがある。これを**自己免疫疾患**（自己免疫病）という。自己免疫疾患には，**関節リウマチ**（手足の関節に炎症が起こる）や**重症筋無力症**（全身の筋力が低下する），**I型糖尿病**（ランゲルハンス島B細胞の障害）などがある。

 アレルギーや自己免疫疾患などの免疫の病気は
どうして起こるんですか？

じつのところよくわかってないんだけど，一つの仮説として**衛生仮説**が唱えられている。これは現代人の身のまわりがあまりにも衛生的になったため，免疫のしくみがはたらく機会を失い，結果として食物や花粉といった無害なものに対して過剰な免疫反応が起こってしまうというものだ。事実，腸内の寄生虫（現代人はほとんどもっていない）に対してつくられる抗体と，花粉症などのアレルギーを引き起こす抗体は同じ種類のもの（ともに**IgE**）だ。また，I型糖尿病の患者は，先進国のように衛生的な国に多いけど，発展途上国ではほとんどみられないといった統計もあるんだ。

 病気にならないように衛生的な社会をつくってきたのに，
逆に免疫の病気になっちゃうなんて，皮肉ですね。

3 エイズ 〉★★☆

HIV（ヒト免疫不全ウイルス）というウイルスの感染によって引き起こされる病気が**エイズ**だ。HIVは免疫の要である**ヘルパーT細胞**をねらって感染し，その中で増殖する。増殖したHIVは細胞を破壊して外に飛び出し，別のヘルパーT細胞に感染する。次々とヘルパーT細胞が破壊されて数が減ると，B細胞やキラーT細胞が活性化されなくなる。つまり，**獲得免疫のしくみがはたらかなくなり**，健康なヒトでは感染しても発症しないような病気にかかったり（**日和見感染**という），ガンを発症しやすくなったりするんだ。

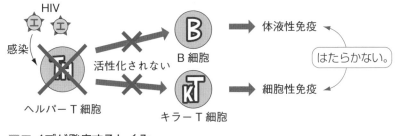

■エイズが発症するしくみ

STORY 6 免疫と医療

1 予防接種 〉★★★

"予防"とは，文字どおり"予め病気を防ぐ"ことだ。**無毒化または弱毒化した病原体や毒素**（これを**ワクチン**という）**を抗原として接種（注射）する**ことで，**あらかじめ体内に抗体や記憶細胞をつくらせておくこと**を**予防接種**という。

> わざと抗原を注射して，獲得免疫の二次応答を利用して予防するんですね。

そのとおり。ワクチンには，インフルエンザや日本脳炎のワクチンのように無毒化した（死滅している）病原体を利用するもの（＝**不活化ワクチン**）や，結核のワクチン（**BCG** という）やポリオのワクチンのように生きてはいるものの毒性を弱めた病原体を利用するもの（＝**生ワクチン**）があるんだ。

2 血清療法 〉★★★

毒ヘビにかまれると，免疫のしくみがはたらく前に毒が全身に回って大変なことになってしまうよね。そこで，ヘビの毒素をウマなどの動物に注射することで抗体をつくらせておき，この**抗体を含む動物の血清を注射して体内に入った毒素を抗原抗体反応により取り除く治療法**がある。これを**血清療法**というんだ。血清療法は，**ヘビ毒**のほかにも**ジフテリア**や**破傷風**といった緊急を要

する病気の治療に用いられる。**血清療法がワクチン接種と違うのは，治療だということ。**だから，ヘビにかまれる前に血清を接種したりはしないんだ。

ただし，血清療法をくり返し行うことはアレルギーのリスクをともなうので，注意が必要だ。

 ええっ!?　どうして？

血清に含まれる抗体は動物由来のタンパク質だ。また，血清には抗体以外にもいろんなものが混ざっている。1回目の注射で，これらが抗原として認識されてしまうんだ。そうなると，2回目以降は激しい二次応答が起こる可能性があるというわけだ。

《POINT 19》 予防接種と血清療法の違い

	目的	接種するもの	効果
予防接種	予防	ワクチン（抗原）	記憶細胞ができて抗体がつくられる。持続的
血清療法	治療	動物がつくる抗体	接種した抗体が抗原を排除。一時的

COLUMN コラム

新型コロナワクチン

　教科書的にはワクチンと言えば，無毒化または弱毒化した病原体や毒素のことなんだけど，新型コロナウイルスに対するワクチン（新型コロナワクチン）には，これとは全く違う技術が使われている。

　まず，新型コロナウイルスのゲノムを解読して，ウイルス表面にあるスパイクタンパク質（これがヒトの細胞に結合することで感染する）の設計図となる部分を調べる。次に，スパイクタンパク質の設計図となるmRNAを人工的に合成する。これがワクチン（**mRNAワクチン**という）

となるんだ。

　mRNAワクチンを筋肉に注射すると，細胞内でこのmRNAが翻訳され，私たち自身の細胞がウイルスのスパイクタンパク質をつくりだす。これにリンパ球が反応して抗体ができるというしくみだ。

　今までのワクチンは抗原を注射していたのだけれど，**抗原ではなくその設計図を注射する**というところが，このワクチンの新しいところなんだ。

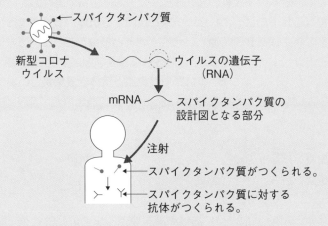

　mRNAワクチンにはさまざまな工夫が盛り込まれている。私たちの体には，ウイルス遺伝子のような外来のmRNAを敵とみなして，分解したり翻訳を阻害したりする免疫システムがあるのだけど，このしくみがはたらくと，mRNAワクチンの効果がなくなってしまう。そこで，これを避けるためにワクチンとなるmRNAには，いろいろな飾りつけ（修飾という）が施されている。これにより，私たちの細胞はmRNAワクチンを自分自身のmRNAと勘違いして翻訳するようになるんだ。

　mRNAワクチンには，これまでのワクチンよりも開発期間が短くてすむという利点があり，今後いろいろな予防接種に応用されると期待されているよ。

発展 ABO式血液型

　血液型の異なる血液を混ぜ合わせると，赤血球どうしがたがいにくっついて集合することがあり，この現象を凝集という。凝集は，赤血球の表面にある抗原と血しょう中に含まれる抗体によって起こる**抗原抗体反応**なんだ。

　ABO式血液型の**A・B・O**とは，赤血球の膜表面にある糖タンパク質の種類のことで，これが血液型の異なるヒトにとっては**抗原**となる。そのため，血液型の異なるヒトでは，これらの抗原と反応する**抗体**がつくられるんだ。例えば，A型の赤血球とB型の血しょうを混ぜると凝集が起こる。これは，B型のヒトの血しょうにはA型抗原に対する抗体が含まれているからだ。医療現場などの慣習から，凝集に関わる**抗原を凝集原**，**抗体を凝集素**といい，凝集素の中でも，A型凝集原と反応するものを α，B型凝集原と反応するものを β というよ。

> 凝集原…赤血球の膜表面にある糖タンパク質。**抗原**となる。
> 凝集素…**抗体**。αはA型凝集原と，βはB型凝集原と凝集反応する。

　下の表は，ABO式血液型における凝集原と凝集素の組合せを一覧にしたものだ。どの血液型も自分の体内では凝集が起こらないような組合せになっていることがわかるよね。

	A型	B型	AB型	O型
凝集原（抗原）	A	B	AとB	なし
凝集素（抗体）	β	α	なし	αとβ

※A＋α，B＋βで凝集が起こる。

問題 **4** 　**免疫の応用** ★★★

　次の文章(1)～(5)の説明にあてはまる語句を，それぞれ下のア～オから一つずつ選びなさい。

(1)　予防接種に用いられる毒性を弱めた病原体や毒素
(2)　動物につくらせた抗体を注射し，病気を治療する方法
(3)　他人の臓器を移植したときに，移植臓器の定着を妨げる現象
(4)　結核菌の培養液を皮下に注射したときに，赤くはれる現象
(5)　花粉や食物などに対して過敏な免疫反応が起こること

　　ア. 拒絶反応　　イ. ワクチン　　　ウ. ツベルクリン反応
　　エ. 血清療法　　オ. アレルギー

〈オリジナル〉

=== ☑ 解説 ===

　(4)は**ツベルクリン反応**だ（▶P. 202）。結核に対して免疫をもっているかどうかを確かめるために行う。もし注射した部分が赤くはれたら，結核に対する免疫をもっていることを示す。これは，注射した部分に，T細胞やマクロファージが集まってきて皮膚を攻撃するからなんだ。つまり，ツベルクリン反応は**細胞性免疫**によるものなんだ。

=== ☑ 解答 ===

(1)―イ　　(2)―エ　　(3)―ア　　(4)―ウ　　(5)―オ

チェックしよう！

☑**❶** 物理的・化学的防御にはたらく組織を二つ答えよ。

☑**❷** 自然免疫にはたらく食作用をもつ細胞を二つ答えよ。

☑**❸** 獲得免疫の特徴は，「□□□」と「特異性」がみられることである。

☑**❹** 体液性免疫において，抗体をつくるリンパ球の名称を答えよ。

☑**❺** 細胞性免疫において，感染細胞などを直接攻撃するリンパ球の名称を答えよ。

☑**❻** 予防接種に用いられる毒性を弱めた病原体や毒素を何というか。

☑**❼** 動物につくらせた抗体を含む血清を用いる治療法を何というか。

☑**❽** 花粉や食品など，本来は無害なものに対して過敏な免疫反応が起こることを何というか。

☑**❾** 自己免疫疾患にはどのようなものがあるか。一つ答えよ。

☑**❿** HIV（エイズウイルス）が破壊する，免疫に重要なはたらきをするリンパ球は何か。

✓解答

❶皮膚・粘膜　❷好中球・マクロファージ・樹状細胞から二つ
❸記憶　❹B細胞（抗体産生細胞）　❺キラーT細胞　❻ワクチン
❼血清療法　❽アレルギー　❾関節リウマチ・重症筋無力症・Ⅰ型糖尿病などから一つ　❿ヘルパーT細胞

第4編

生物の多様性と生態系

第1章 植生の多様性と分布

▲ジャングルは熱帯多雨林

STORY 1 植生

1 植生 > ★★★

ここからは，いろいろややこしい言葉が出てくるけど，とりあえずがんばって覚えてほしい。**ある地域に生育するすべての植物をまとめて植生**という。地球上のいろいろな地域には，その地域の気候に応じた植生がみられる。たとえば，雨が多い地域には木が密生した**森林**がみられ，雨が少ない地域には主に草が生い茂る**草原**がみられる。また，雨が極端に少ない地域や，すごく寒い地域は植物がまばらにしかない**荒原**となる。

2 植物の生活形 > ★☆☆

植物が，生育する環境に適した生活様式と形態をもつことを**適応**といい，適応を反映した形態を**生活形**という。異なる植物種でも，同じ地域に生育するものは生活形が似ていることがある。

草本（いわゆる草）は，1年以上生きるかどうかで**一年生草本**と**多年生草本**に分類できる。**木本**（いわゆる木）は，葉の形から**広葉樹**と**針葉樹**，葉を落とすか，落とさないかで**常緑樹**と**落葉樹**に分類される。

《POINT①》 生 活 形

草本 {
一年生草本 ➡ 種子が発芽してその年のうちに結実して枯死する。

多年生草本 ➡ 地下部などに養分を貯蔵して1年以上生育する。
}

木本 {
葉の形 {
広葉樹 ➡ 幅の広い葉をつける。
針葉樹 ➡ 針のように幅の狭い葉をつける。
}

落葉の有無 {
常緑樹 ➡ 一年中葉をつけている。
落葉樹 ➡ 冬季や乾季になると落葉する。
}
}

3 相観と優占種 > ★★☆

　植生の外観的な様相，つまり見た目のことを相観といい，相観はその植生の優占種で決まる。優占種とは，植生の中で，数が多い，背丈が高い，占有する面積が最も大きい，といった特徴をもつ種，つまりは最も目立つ種のことだ。

　あとで説明するバイオーム（▶P. 232）は相観によって分類されている。森林は熱帯多雨林，照葉樹林，夏緑樹林というバイオームに分けられ，草原はステップ，サバンナというバイオームに分けられ，荒原は砂漠，ツンドラというバイオームに分けられる。

バイオーム

草原

荒原

森林　相観（＝見た目）で決める

▲バイオームは相観で決まる。

植物は，冬の低温や極度の乾燥といった植物の生育に適さない時期を，冬芽や休眠芽をつけてやり過ごそうとする。そこでラウンケルは，**生育に不適当な時期に植物がつける休眠芽の位置によって，次の図のように生活形を分類した。**図のグレーの部分が，生育に不適当な時期に残る部分，そのほかは枯れてしまう部分で，赤丸が休眠芽の位置だ。要するに，生活形はこの休眠芽の位置や高さによって分類される。

生活形	水生植物	一年生植物	地中植物	半地中植物	地表植物	地上植物
休眠芽の位置	水中	（種子）	地中	地表に接する部分	地表30cm以下	地表30cm以上
植物例	ウキクサ ヨシ ハス	ヒマワリ アサガオ エンドウ	ヤマユリ チューリップ ワラビ	タンポポ ススキ オオマツヨイグサ	シロツメクサ コケモモ	アカマツ イチョウ ブナ

どの生活形をとるのが植物にとって有利なのかは，バイオーム（P. 232で学ぶよ）の種類によって大きく異なる。たとえば，降水量と光が十分な**熱帯多雨林**では，樹木が有利なので，**地上植物**の割合が大きくなる。ツンドラでは，強風のため地上植物が立っていられず，永久凍土のため地中植物のように球根を残す植物も不利になる。結果として，ツンドラでは**半地中植物**の割合が最も高くなる。また，**砂漠**では，長い乾期を休眠種子でやり過ごす**一年生植物**の割合が高くなるんだ。

《POINT 2》 相観と優占種

◎植　生 ➡ ある場所に生育するすべての植物の集まり

◎生活形 ➡ 環境に適応した植物の生活様式や形態のこと

◎相　観 ➡ 植生の外観的な様相（＝見た目）。バイオームを区分するときの目安となる。

◎優占種 ➡ 植生の中で最も目立つ，その植生を代表する種

4 森林の構造 ＞★★★

　よく発達した森林では，枝や葉が立体的に層状に積み重なった構造をつくっている。これを階層構造といい，上から高木層・亜高木層・低木層・草本層がみられる。さらに地表には地表層（コケ層）があり，地中には土壌が発達しているんだ。

　高木層の葉や枝が，森林の最上層をおおっている部分を林冠という。これに対して，地表に近い部分を林床という。高木層は，日光の大部分を吸収したり反射したりするため，高木層を通過した光は 1/10 ほどになってしまう。そのため，林床には暗さに強い植物（陰生植物という）がおもに育つんだ。

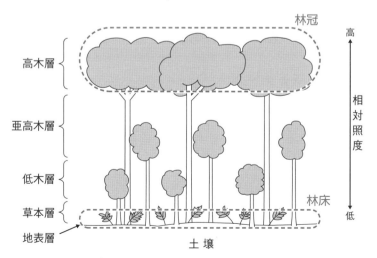

土壌も層状構造をしている。上にどんどん新しい土壌が積み重なっていくからだ。最も深い部分は**岩石**などの母材があり，その上は**岩石が風化した層**，さらにその上は落枝や落葉が微生物により分解されてできた腐植からなる**腐植層**。そして一番上が，落枝や落葉が堆積する**落葉層**だ。つまり，土壌というのは過去の植物の枯死体が積み上がったものなんだ。そのため，落葉層と腐植層は有機物を豊富に含んでいて，菌類や細菌類などの微生物も多いけど，それより下の岩石が風化した層は有機物が少ない。

有機物を含んでいる層の厚さは，枝や葉が落ちる速度と微生物が分解する速度のバランスで決まる。**気温の高い熱帯多雨林では，枝や葉はたくさん落ちるけど，微生物の分解速度が速いので有機物の層は薄くなる。これに対して，気温の低い針葉樹林では，微生物の分解速度が遅いので有機物の層は厚くなるんだ。**

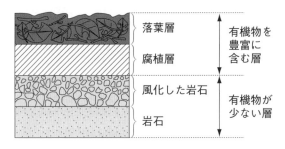

STORY 2　植生の遷移

1 遷移とは ＞★★★

山間にある畑などを人の手を加えずに放っておくと，数十年後には森林になる。このように，植生が時間とともに変化していく現象を遷移という。

遷移には，溶岩台地のように植物の種子はもちろんのこと，土壌すらない**裸地**から始まる**一次遷移**と，**伐採や山火事の跡地，耕作地が放棄された場所などから始まる二次遷移**とがある。**二次遷移は，すでに土壌が形成されているうえ，土壌中には種子や根が残っているので，一次遷移に比べて速く進行するのが特徴だ。**

《POINT③》 遷　移

◎一次遷移 ➡ 裸地から始まる遷移

◎二次遷移 ➡ 伐採や山火事の跡地から始まる遷移
　　すでに土壌が形成されているため，一次遷移に比べて
　　進行が速い（極相にいたるまでの時間が短い）。

はじめは
裸地でも……

散百年後には……。

■一次遷移には数百年かかる。

　二次遷移は，一次遷移を途中からやり直すことだと考えてよい。だから，一次遷移さえしっかり理解すれば，二次遷移も理解したことになるんだ。

　では，一次遷移をみていくことにしよう。

2 一次遷移の過程 〉★★★

　火山の噴火などで裸地ができると，まずは乾燥に強い**地衣類**や**コケ植物**が侵入する。これらの遺体と岩石の風化で生じた砂が混じり合って，土壌が徐々にできてくると，成長の速い**一年生草本**が，次いで**イタドリ**や**ススキ**などの**多年生草本**が生育できるようになる。

　さらに年月が経過し土壌が厚くなると，もっと深くまで根をはる**ヤシャブシ**や**ウツギ**などの低木林となる。これらはやがて，**クロマツ**（地方によっては**アカマツ**や**コナラ**）などのもっと背の高い樹木が形成する**陽樹林**に交代し，陽樹と陰樹が入り混じった**混交林**を経て，ついには，**タブノキ**や**アラカシ**などの**陰樹林**となる。

ここまでに，じつに数百年はかかるんだ。

いったん陰樹林が形成されると，陰樹だけで世代交代が行われるので，植物種があまり変化しない安定した森林が続く。この安定した状態を極相（クライマックス）という。

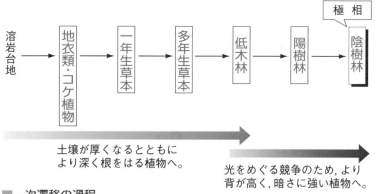

■一次遷移の過程

① 陽生植物

スズキ，アカマツ，クロマツなど，日当たりのよい場所でないと生育できない植物を陽生植物という。実際に問題を解くうえでは，代表的な陽生植物をある程度知っていたほうが有利だ。次のPOINT 4にあげた代表的な陽生植物は覚えておこう。

これに対して，林床のようなうす暗いところで，生育する植物を陰生植物という。陰樹も，もちろん陰生植物だ。

《POINT 4》 陽生植物

◎陽生植物 ➡ スズキ，アカマツ，クロマツ，コナラ，
　　　　　　ヤシャブシ

② 先駆種と極相種

遷移の初期の土地には土壌が少ないため，乾燥・高温・貧栄養というきびしい条件にも耐えられる植物が生育する。このような植物を先駆種（パイオニア種）という。先駆種はたいてい陽生植物で，種子をたくさんつくり，風などを

利用して遠くにばらまく。植物がうっそうとしている環境では，先駆種の芽生えは成育できないからだ。

　これに対して，極相を形成するような陰生植物（極相種という）は湿った環境を好み，種子の数は少なく，しかも大きい。極相種は，種子を自分の足元（つまり林床）に落とせば，その芽生えは必ず成長できるからだ。

	先　駆　種	極　相　種
乾燥に対して	強　い	弱　い
暗さに対して	弱　い	強　い
種子の数	多　い	少ない
種子の大きさ	小さい	大きい
種子の散布力	大きい	小さい

▲ヤシャブシなどの陽生植物がパイオニア種になる。

3　林内の光環境と光合成 ＞★★★

　植物が吸収する二酸化炭素の量と，光の強さとの関係を示したグラフを**光－光合成曲線**という。この曲線が横軸と交わる点では二酸化炭素の吸収も放出もみられないことを意味し，この光の強さを**光補償点**という。植物は光合成によって二酸化炭素を吸収するけど，同時に呼吸によって二酸化炭素を排出しているので，**光補償点では光合成と呼吸の速度が等しくなっている**わけだ。光補償点よりも暗い環境では，二酸化炭素の排出量がマイナスになる。これは，放出量がプラスになるということだから，光合成よりも呼吸の速度が上回っていることを示していて，植物はそのような光環境では生育できない。つまり，**光**

補償点は植物が生育できるギリギリの明るさを示しているんだ。

　光補償点を超えて光をどんどん強くしていくと、光−光合成曲線は光の強さに応じて二酸化炭素の吸収速度を増していくけど、やがて頭打ちとなり一定となる。このときの光の強さを 光飽和点（ひかりほうわてん）という。光飽和点が高いほど、吸収できる二酸化炭素の量が多くなる。すなわち、強い光を光合成に有効に利用できることを意味するんだ。

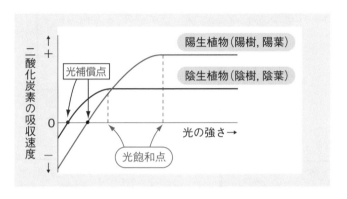

　上の図は、陽生植物と陰生植物の光−光合成曲線の比較だ。この図を見ると、陰生植物のほうが、光飽和点・光補償点ともに低いことが見てとれるよね。すなわち、強い光の下（もと）では陽生植物のほうが、弱い光の下では陰生植物のほうが速く成長するということなんだ。また、1本の陰樹でも、直射日光が当たる林冠の葉と、陰（かげ）になる下層につく葉では、光−光合成曲線に陽生植物と陰生植物のような違いがあるんだ。陽生植物のような性質の葉を陽葉（ようよう）といい、陰生植物のような性質の葉を陰葉（いんよう）というよ。

《《POINT⑤》》 光補償点と光飽和点

◎光補償点 ➡ 光合成速度と呼吸速度が等しくなるときの光の強さ。植物は光補償点以下の明るさでは生育できない。

◎光飽和点 ➡ それ以上光を強くしても、二酸化炭素の吸収速度が増加しなくなるときの光の強さ。

遷移は，どうして進むのですか？

4 | 遷移が進むしくみ > ★★★

① 草本類の群落 ➡ 低木林 ➡ 陽樹林

遷移の初期は，土壌が少ないため，深くに根をはる木本類は侵入することができない。そのため，おもに草本類の群落ができるんだ。

土壌が厚くなり木本類が育つようになると，今度は**光をめぐる競争**が始まる。ライバルよりもより高いところで葉を広げて日光を獲得したものが有利なので，背の高い木へと交代していく（**低木林→陽樹林**）。

② 陽樹林 ➡ 陰樹林

では，陽樹林から陰樹林へと移行していくのはどうしてだろう？

次の図を見てほしい。これは，P. 224でも見た陽樹と陰樹の光－光合成曲線だ。

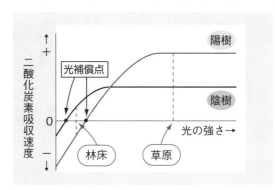

■陽樹と陰樹の光 － 光合成曲線

図中の「**草原**」は草本群落の中に低木がまばらに生えているくらいの地表面の明るさを，「**林床**」は森林の地表層の明るさを，示している。

この図を使って陽樹林から陰樹林へと遷移が進む理由を説明しよう。

❶ 「草原」の明るさでは，陽樹は二酸化炭素の吸収速度が大きいので，速く成長し森林を形成する。

❷ すると，「林床」が暗くなり，光補償点の高い陽樹の芽生えは生育できなくなる。そのため，**陽樹は一代限りとなる**。

❸ しかし，光補償点の低い陰樹は「林床」の明るさでも生育することができ，その芽生えも生育できるので，**世代交代が可能である**。

❹ 一方，陽樹は寿命がくると森林から姿を消していく。そのため，森林は陰樹だけとなって，その後は**陰樹の森林が継続する**。

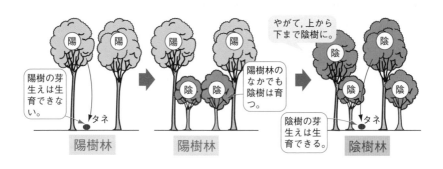

《**POINT ❻**》 森林の遷移

◎森林の遷移は，陽樹 ➡ 陰樹へと進む。
　陽樹よりも陰樹のほうが光補償点が低いため。

問題 ① 植生の遷移 ★★★

　ある地方の沖積平野に分布する社寺林(神社や寺の周辺に成立している森林)で植物群落の調査を行った。これらの森林は沖積平野の干拓後に成立したものと考えられており，人為的影響は比較的少ない。次の表は干拓地の成立年代の異なる a 〜 g の調査地の森林にそれぞれ10m × 10m の調査区を設け，そこに出現した植物の被度(それぞれの種が地面をおおっている面積の割合)を調べたもので，被度が1%未満のものや出現回数の少ないものは省略してある。

調査地		a	b	c	d	e	f	g
干拓地の成立年代		1893	1821	1632	1579	1467	1180	770
高木層	アカマツ	5	2	2				
	タブノキ			4	4	4	2	
	スダジイ					2	4	5
亜高木層	タブノキ	1	3	2				
	サカキ				1	3	1	1
	ヤブツバキ				1	1	1	
	モチノキ					2	1	1
低木層	アカメガシワ	2						
	タブノキ	1	1	1	1	1	1	1
	ヤブツバキ				1	2	1	
	サカキ				1	1		1
	スダジイ						1	
草本層	ススキ	1	1					
	ジャノヒゲ	4	1	1	1	3	1	1
	ヤブコウジ			1	1	1	2	2
	ヤブラン					1	1	1

表中の数字1〜5は被度階級を示す。それぞれの被度階級が表す被度の範囲は次のとおりである。1：1〜10%，2：11〜25%，3：26〜50%，4：51〜75%，5：76〜100%

問1　調査地全体で，明らかに陽生植物と考えられる種の組合せはどれか。最も適当なものを，次の①〜④から一つ選びなさい。
① アカマツ・タブノキ・スダジイ
② アカマツ・アカメガシワ・ススキ
③ タブノキ・スダジイ・サカキ
④ ススキ・ジャノヒゲ・ヤブコウジ

=== ✔解 説 ===

　まず，調査地 a 〜 g を遷移が進んだ順番に並べることを考えよう。ここでのポイントは，**干拓地の成立年代が古いほど遷移が進んだ群落**だってことなんだ。

　たとえば，調査地 a は1893年に干拓して以来，人の手が加わっていないのだから，現在（2023年とする）までの時間，つまり，2023－1893＝130年が遷移に費やされた時間と考えてよい。

　同じように，調査地 g は770年に干拓されたので，遷移に費やされた時間は，2023－770＝1253年となる。つまり，調査地 g のほうが，調査地 a よりも遷移が進んだ群落ということになる。

　だから，**調査地を遷移が進んだ方向に並べると a → g となるんだ。**

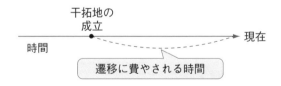

問1　「陽生植物」とは，陽樹や陽生草本など明るいところを好む植物のことだ。そのため，遷移が進んで森林がうっそうとしてくると生育できなくなる。つまり，**遷移の途中で姿を消すものが陽生植物**と考えられるんだ。

　　まず，高木層からみていこう。アカマツはc→dと遷移が進んだ時期に消滅しているので陽樹だ。それから，低木層ではアカメガシワはa→bと遷移が進んだ時期に，草本層ではススキもb→cと遷移が進んだ時期に消滅しているので，ともに陽生植物と考えられる。

　　ちなみに，タブノキはgの高木層では見られなくなるけど，gの低木層には見られるので陰樹だ。

問2　陽樹林であるか陰樹林であるかの判断は，**高木層の優占種を見て決める。**

　　aの高木層では，アカマツが優占種なので，陽樹林が成立している。dでは，アカマツが消滅してかわりにタブノキが優占種となっているので，ここで陰樹林が成立したと考えられる。よって，a→dにかかる年は，

　　　　dの遷移に費やされた時間 − aの遷移に費やされた時間

　　　　＝（現在 − 1579）−（現在 − 1839）＝**314年**　※"現在"には現在の西暦が入る。

となる。

問3　「極相林」とは，極相を形成する樹種の林のことだ。この表を見るかぎりでは，**最も遷移が進んだ調査地gの高木層がスダジイなので，スダジイ林**となる。

解答

問1　②　　問2　②　　問3　④

5　ギャップ更新 ＞★★☆

　　極相に達した林（極相林）の高木が枯れたり，台風などで倒れたりすると，その部分だけ林冠が途切れて明るい場所ができる。このような空間を**ギャップ**という。

　　ギャップが小さい場合は，森林内にさしこむ光がそれほど強くないため，低木層などの陰樹の幼木が成長してギャップを埋める。しかし，ギャップが大きい場合は，林床まで光が届くため，土中にあったあるいは外部から飛んできた陽樹の種子が発芽して急速に成長する。そして，高木層まで成長した陽樹がまずギャップを埋めて，やがて陰樹に置き換わっていくという**部分的な二次遷移**がみられるんだ。このようにギャップが埋まり，樹木が入れ換わりながら極相林にもどっていくことを**ギャップ更新**というよ。

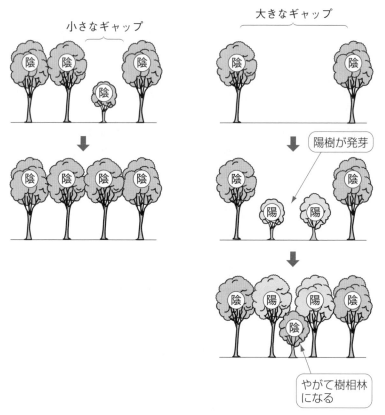

小さなギャップ 大きなギャップ

陽樹が発芽

やがて樹相林
になる

■ギャップの大きさによるギャップ更新の違い

　一般に極相林といっても，陰樹のみの一様なものではなく**陽樹と陰樹がモザイク状に入り混じっている**。常に森のどこかでギャップ更新が起こっているためだ。

6 湿性遷移 ＞★★☆

　ここまでみてきた陸上で始まる遷移を**乾性遷移**という。これに対して，湖沼などから始まる遷移もあり，これを**湿性遷移**という。湖沼は長い年月の間に土砂が堆積してだんだん浅くなり，湿原を経て草原となる。そのあとは乾性遷移と同じ過程をたどるんだ。

水辺の植生

　湖や川などの水辺では，陸上とは異なる植生が見られる。水辺の植物は次のような種類がある。

　　沈水植物 ➡ 植物体全体が水中に沈んでいる。　例 クロモ，エビモ
　　浮葉植物 ➡ 葉だけが水面に浮かぶ。　例 ヒツジグサ，ヒシ
　　抽水植物 ➡ 植物体の一部が水面から出る。　例 アシ（ヨシ），ガマ
　　浮水植物 ➡ 植物体全体が水に浮かぶ。　例 ホテイアオイ，ウキクサ

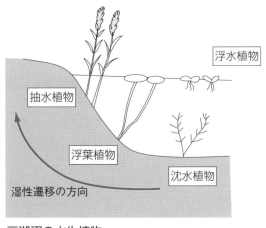

■湖沼の水生植物

　湖沼から湿原への遷移では，土砂の堆積により湖沼が浅くなると，はじめに**沈水植物**が繁茂する。やがて富栄養化（▶P. 266）により水はにごり，また**浮葉植物**が水面をおおうようになると，沈水植物は光を受け取れずに姿を消す。そして，**浮葉植物**や**抽水植物**が生育し始めると，だんだんそれらの枯死体が堆積し，湿原を経て草原へと変化していくんだ。

((POINT 7)) 湿性遷移

　　乾性遷移 ➡ 裸地→地衣類・コケ植物
　　　　　　　　　　　　　　　　　　草原→低木林→陽樹林→陰樹林
　　湿性遷移 ➡ 湖沼→湿原

STORY 3 　気候とバイオーム

1 世界のバイオーム 〉★★★

　ある地域に生息するすべての生物のまとまりを**バイオーム**（生物群系）という。

> バイオーム？
> どういう意味ですか？

　Bio（生物）＋ **-ome**（全体）＝ **Biome**（生物の全体）。つまり，ある地域の**植物**や動物，土壌微生物までも含むすべての生物の集まりをさす言葉だ。生態学者クレメンツとシェルフォードによって1939年に提唱された概念だよ。それまでは植物の集まり（植生）と動物群集は別々に研究するのが普通だったけど，彼らは両者をまとめた生物群集として考えることの重要性を説いたんだ。

　バイオームは，そこに含まれる植生の相観（▶P. 217）に基づいて分類される。 どの地域にどんな種類のバイオームが発達するかは，気候要因すなわち**年平均気温**と**年降水量**によって決まる。次の図はそれをまとめたものだ。

　横軸は年平均気温，縦軸は年降水量を示していて，たとえば，年平均気温＝15℃，年降水量＝1500mm の地域には，極相として照葉樹林が発達するということがわかるんだ。

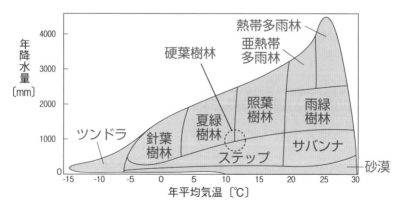

■年平均気温・年降水量とバイオームの関係

この図は，まるごと覚えなければいけないの？

この図の中の**バイオームの名前と位置は覚える必要がある**けど，次のように考えればそんなに大変なことではないよ。

まず，年降水量が比較的多い環境，つまり，P. 232の図の上のほうのバイオームを右から左に順に見ていく。年平均気温が高い赤道付近から極へと向かっていくイメージだ。

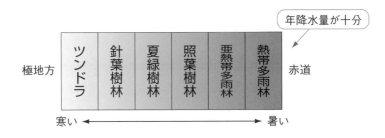

次に，年平均気温が高い環境，つまり，P. 232の図の右のほうのバイオームを年降水量が多い地域から少ない地域へと（図の上から下に）見ていくよ。

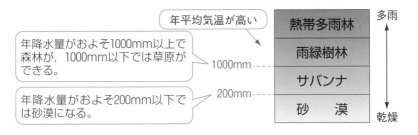

さて，だいたいの配置がわかったところで，それぞれのバイオームについてみていくことにしよう。

① 熱帯多雨林／亜熱帯多雨林

年平均気温が20℃以上あって，一年中雨が降っているような，じめじめした地域に成立する。**常緑広葉樹からなる森林で，樹種がきわめて多く，優占種がはっきりしない。**樹高は 50m を超えるものもあって，6〜7 層の階層構造を

つくる。また，**つる植物**や**着生植物が多い**のも特徴だ。着生植物というのは，ほかの植物の幹や枝などに根をくっつけて生活する植物のことだ（ただし寄生関係ではないよ）。熱帯多雨林の代表的な樹種には，**ヒルギ**や**フタバガキ**などがある。

　年平均気温が低くなると熱帯多雨林よりも樹種が少ない**亜熱帯多雨林**が発達する。常緑広葉樹の，**ガジュマル**，**アコウ**，単子葉類の**ビロウ**，裸子植物の**ソテツ**，木生シダの**ヘゴ**などが見られる。

　熱帯・亜熱帯地方の河口や海沿いには，ヒルギなどからなる**マングローブ林**が見られる。マングローブとは樹種の名前ではなく，根が海水につかっている低木からなる樹林のことだ。これらの樹木は，海水からでも吸水できるような特徴をもっているんだ。

② 照葉樹林

　中国の東南部や日本の西南部のような暖温帯で，雨が多い地域に分布する。樹木は**一年中広い葉をつける**。葉の表面は水の蒸発を防ぐ**クチクラ層が発達**していて光沢がある。代表樹種は，**シイ類**，**カシ類**，**タブノキ**，**クスノキ**などの常緑広葉樹だ。

③ 硬葉樹林

　冬は温暖で降水量が多く，夏は暑くて乾燥する地域に分布する。地中海沿岸では**オリーブ**，**ゲッケイジュ**，**コルクガシ**，アメリカ西海岸ではカシ類が見られる。常緑の葉は文字どおり硬くて小さく，厚い**クチクラ層**をもつ。

④ 夏緑樹林

　日本の東北部のように冷温帯で雨が多い地域に分布する。樹木は広い葉をつけるが，**冬には落葉する**。代表樹種には，**ブナ**，**ミズナラ**などがある。

⑤ 針葉樹林

　冬の寒さがきびしい亜寒帯に分布する。樹木は冬でも葉をつけている常緑樹で，葉は針のように細い。**エゾマツ**，**トドマツ**，**シラビソ**，**コメツガ**などが日本の針葉樹林の代表樹種だ。樹種は少ない。

⑥ ツンドラ（寒地荒原）

　年平均気温が－5℃以下の寒帯に分布する。低温のため森林は発達せず，草

本類がほとんどで**地衣類・コケ植物**だけが見られることもある。

⑦ 雨緑樹林

熱帯地方でも季節によって降水量が大きく変動し，雨季と乾季がくり返される地域に分布する。樹木は雨季に広葉をつけ，**乾季に落葉するチーク**などが代表だ。

⑧ サバンナ／ステップ

年降水量が 1000mm 以下の乾燥した地域では，森林ができず，草原が分布するようになる。熱帯に分布する草原が**サバンナ**，それより気温が低い温帯に分布するのが**ステップ**だ。いずれも**イネ科の草本類が優占種**となり，サバンナではそれに加えて低木がまばらに見られる。

⑨ 砂漠

非常に乾燥した地域で分布し，サボテンなどの植物がわずかに見られる。

問題 2　世界のバイオーム ★★★

右の図は，年平均気温と年降水量によって，地球上のバイオームをまとめたものである。

次の説明はそれぞれどのバイオームであるか。図の分布域 A ～ K で答えなさい。また，そのバイオームの名称をあとの語群から選びなさい。

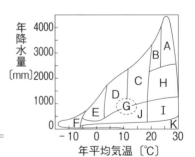

(1) 年間を通じて降水量が多く，温度も比較的高い地域に分布している。クチクラ層が発達し，厚くて光沢がある常緑性の葉をもつ植物が生育する。

(2) 東南アジアの熱帯から亜熱帯にかけて分布し，雨季に葉をつけ，乾季に落葉する植物が生育する。

(3) 北半球の中緯度の広い範囲を占めている。夏季には広葉をつけ，冬季には落葉する。

(4) 降水量の少ない熱帯地域に発達する草原で，イネ科の草本のなかに低木がまばらに生育する。体表的な例がアフリカに見られる。

語群	熱帯多雨林	亜熱帯多雨林	雨緑樹林	夏緑樹林
	針葉樹林	照葉樹林	ステップ	サバンナ
	砂漠	ツンドラ		

〈オリジナル〉

========== ✓解 説 ==========

(1) クチクラはロウのようなもので，クチクラ層が発達した葉は光沢があって
ピカピカしているよ。これは，照葉樹林，硬葉樹林の特徴だ。しかし，降水
量が多いことから照葉樹林とわかる。ただし，図のBではなく，Cだとい
うことに注意しよう。**照葉樹林の年平均気温は15℃ 前後**だからね。ちなみ
にBは亜熱帯多雨林だ。

(2) 雨季に緑葉をつけるのだから雨緑樹林だね。分布は図のHだ。

(3) 冬季に落葉することから夏緑樹林と判断できる。

(4) 温度は高いけど，降水量が少ないため森林ができず，草原となった。これ
はサバンナのことだ。

========== ✓解 答 ==========

(1)— C，照葉樹林　　(2)— H，雨緑樹林

(3)— D，夏緑樹林　　(4)— I，サバンナ

　世界のバイオームの名前とその代表樹種をすべて覚えてしまえば，入試に有
利なことは確かなんだけど，それはなかなか大変なことだよね。

　ということで，まずは次で学ぶ**日本のバイオームから覚える**ことを勧めるよ。
実際，入試では日本のバイオームのほうがよく問われるんだ。

　じゃあ，さっそくみていくことにしよう。

2　日本のバイオーム 〉★★★

　日本は年降水量が多いので，**バイオームの分布はおもに年平均気温の違いに
よって決まる**。気温は南から北へ向かって下がっていくので，バイオームもこ
れに沿って変化する。これを**水平分布**という。また，標高が高い場所ほど気温

は低くなるので，標高の違いでバイオームの変化がみられる。これを**垂直分布**というんだ。

① 水平分布

　気候区分が**亜熱帯**の沖縄では**亜熱帯多雨林**が分布し，九州から本州中部にかけての**暖温帯**では照葉樹林が，本州中部から北海道の西南部までの**冷温帯**では夏緑樹林が分布する。さらに寒い北海道北東部の**亜寒帯**では針葉樹林が分布するんだ。

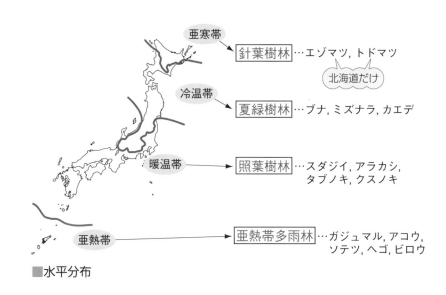

　亜寒帯 → 針葉樹林…エゾマツ，トドマツ

（北海道だけ）

　冷温帯 → 夏緑樹林…ブナ，ミズナラ，カエデ

　暖温帯 → 照葉樹林…スダジイ，アラカシ，タブノキ，クスノキ

　亜熱帯 → 亜熱帯多雨林…ガジュマル，アコウ，ソテツ，ヘゴ，ビロウ

■水平分布

② 垂直分布

　中部日本にある高い山（富士山のような）を例にとると，**海抜700mまで**の 丘 陵 帯では照葉樹林が，**700〜1700m**の山地帯では夏緑樹林が，**1700〜2500m**の亜高山帯では針葉樹林が発達するんだ。**2500m以上の高山帯**になると，寒さと強風のため**森林が形成されなくなる**。この線（富士山では約2500m）のことを森林限界というよ。

　森林限界より高いところでは，ハイマツなどの低木や，コマクサなどの珍しい高山植物がみられ，夏にはいわゆるお花畑をつくるんだ。

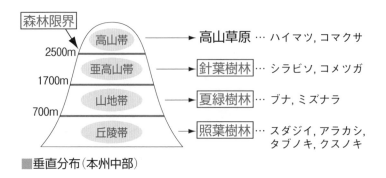

■垂直分布（本州中部）

　さて，別々にみてきた**水平分布**と**垂直分布**だけど，それぞれのバイオームを分ける線はつながっているということを覚えておいてほしい。

　たとえば，中部日本では照葉樹林と夏緑樹林を分ける線は標高700m付近にあるけど，これが北上するにつれてだんだん下がってきて，東北地方では水平分布の照葉樹林の北限になるということだ。また，森林限界も北海道では標高1500mくらいまで下がってくる。北に行くほど寒くなるので当然だよね。

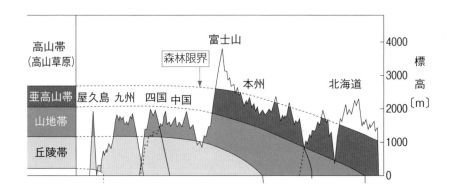

　逆に言うと，中部日本にいながら**山を登ることで，東北地方まで移動したのと同じような変化が見られる**ということだ。ただし，**中部日本の山を亜高山帯（針葉樹林）まで登っても，エゾマツやトドマツは見られない**ことには注意してほしい。これらの針葉樹は北海道でしか見られない固有種なんだ。**本州では，かわりにシラビソやコメツガが針葉樹林を形成する**んだ。

《POINT 8》 日本のバイオーム

◎水平分布

　亜寒帯（針葉樹林）➡ エゾマツ，トドマツ　　北海道だけ

　冷温帯（夏緑樹林）➡ ブナ，ミズナラ，カエデ

　暖温帯（照葉樹林）➡ スダジイ，アラカシ，タブノキ，クスノキ

　亜熱帯（亜熱帯多雨林）➡ ガジュマル，アコウ，ソテツ，ヘゴ，ビロウ

◎垂直分布

　高山帯（高山草原）　➡ ハイマツ，コマクサ　　森林限界

　亜高山帯（針葉樹林）➡ シラビソ，コメツガ

　山地帯（夏緑樹林）　➡ ブナ，ミズナラ

　低地帯（照葉樹林）　➡ スダジイ，アラカシ，タブノキ，クスノキ

これらの樹種は，ミズナラ以外すべて陰樹だ。

発展　暖かさの指数

　日本のように，降水量が多く森林が形成される地域では，バイオームの分布を決める指標として**暖かさの指数**が用いられる。暖かさの指数は，月の平均気温が5℃を超える月の気温から5℃を差し引いた数の合計で求められる。

$$暖かさの指数＝（5℃を超える月の平均気温－5）の合計$$

　たとえば，函館（北海道）では次のように計算されるんだ。

	月の平均気温		
1月	−2.6		
2月	−2.1		
3月	1.4		
4月	7.2	5℃を超える月の	2.2
5月	11.9	→	6.9
6月	15.8	月平均気温から5を引く	10.8
7月	19.7		14.7
8月	22.0		17.0
9月	18.3		13.3
10月	12.2		7.2
11月	5.7		0.7
12月	0.0		

↓ 合計する

函館の**暖かさの指数** → 72.8

　そして，求めた数値を下の対応表に照らし合わせてみれば，バイオームがわかるしくみだ。

暖かさの指数	バイオーム
240以上	熱帯多雨林
180 ～ 240	亜熱帯多雨林
85 ～ 180	照葉樹林
45 ～ 85	夏緑樹林
15 ～ 45	針葉樹林
0 ～ 15	ツンドラ

函館はココ → 45 ～ 85

COLUMN コラム

樹種の名前の由来

　樹種の名前は，正直覚えにくいよね。でも，その名前がついたのには理由があるはずだ。名前の由来を知ることで，印象に残り，覚えやすくなることもある。そんな樹種を，ここではいくつか紹介しよう。

ガジュマル…幹や気根（地上の茎から伸びる根のこと）が，別の木に絡みつきながら成長していき，この過程で土台となる木は枯死してしまう。そのため，別名「絞殺しの木」ともよばれる。樹種名は「絡まる」が変化したといわれているんだ。

タブノキ…朝鮮語で丸木舟のことをトンバイといい，これがなまってタブとなったといわれている。また，舟材になるくらい丈夫なことから，古文で「耐える」の意味である「耐ふ」からきたという説もある。

クスノキ…特徴のある臭いがあることから，「臭し」がなまったとする説がある。また，防虫効果や鎮痛効果があることから「薬の木」→「くすのき」となったとする説もある。（P.243のコラムも見てね）

ブナ…葉に波状の凹凸があり，風が吹くとブーンと鳴ることから「ブン鳴りの木」→「ブナノキ」となったと言われているけど，真偽は不明。

カエデ…葉に切れ込みがあり，カエルの手に似ていることから，万葉名では「かえるで」といった。それが，平安時代くらいから「かえで」とよばれるようになった。

ハイマツ…枝が地面を這うように成長することから「這い松」。枝はクニャクニャして柔軟性がある。強風を受け流すための特徴だ。

問1　中部日本の太平洋側では，ブナ林の生育域は標高何mくらいのところか。次の①〜④から一つ選びなさい。

①　200〜500 m　　　②　800〜1500 m

③　1800〜2400 m　　④　2500〜3000 m

問2　次の植物の組合せのうち，すべてがブナの森林よりも低い標高で生育するものはどれか。次の①〜⑤から一つ選びなさい。

①　シラビソ・コメツガ・ダケカンバ

②　スダジイ・ヤブツバキ・コメツガ

③　タブノキ・クヌギ・クスノキ

④　シラビソ・コナラ・クヌギ

⑤　ハイマツ・ミズナラ・タブノキ

問3　問2の植物の組合せのうち，すべてがブナの森林よりも高い標高で生育するものはどれか。問2の①〜⑤から一つ選びなさい。

〈センター試験・改〉

━━━━《 ✓**解　説** 》━━━━

問1　ブナは**夏緑樹林**を代表する樹種だから，中部日本の山では**山地帯に分布する**んだったよね。標高は，だいたい700〜1700mぐらいのものを選べばよいから②だね。

問2　知らない樹種があるからといって，すぐにあきらめないでほしい。消去法で考えてみよう。

　選択肢の樹種の中で，シラビソ・コメツガは針葉樹だから**亜高山帯**に，また，ハイマツは**高山帯**に分布するんだったよね。したがって，これらを含む①，②，④，⑤は**不正解**となる。つまり，正解は③だ。タブノキとクスノキは照葉樹林なので，ブナよりも下になることはわかるよね。クヌギの標高については学ばなかったけど，知らなくても問題は解ける。

問3　これも消去法でいこう。すなわち，ブナよりも下に生育する樹種がある選択肢をつぶしていくんだ。

　②のスダジイ（シイの一種だ）は照葉樹林の樹種だから**不正解**。問2で，クヌギはブナよりも下で生育することがわかったので，④も**不正解**だ。⑤の

タブノキは照葉樹林の樹種なので**不正解**。残った①が正解だ。ダケカンバは，亜高山帯に生育する落葉広葉樹で，しかも陽樹だ。

===《 ▽ 解答 》===

問1　②
問2　③
問3　①

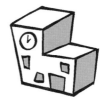

COLUMN コラム

クスノキ科の樹木の香り

　クスノキ科の樹木の特徴は，強い香りがすることだ。ケーキや紅茶によく使われるシナモンの原料も，セイロンニッケイというクスノキ科の樹木だ。セイロンニッケイの樹皮をはがし，その内側のコルク層を薄くはぎ取って1週間ほど乾燥させれば，自然と丸まってシナモンスティックができあがる。

　ちなみに，「八ツ橋」（京都の名産の和菓子）に使われるニッキの原料も，シナニッケイというクスノキ科の樹木だ。

　シナモンをタンスの引き出しに入れておくと，服が虫に食われないといわれている。というのも，シナモンの香りに含まれるシナムアルデヒドという成分には，防虫効果があるからなんだ。虫にかぎらず，たいていの動物もシナモンを嫌うらしい。どうやらシナモンの香りを好むのは，人間だけみたいだね。

チェックしよう!

☑❶ 植生内で最も広い空間を占める植物種を何というか。

☑❷ 植生を外から見たときの様相を何というか。

☑❸ ふつうの森林の階層において，最も生産量の大きい層はどれか。

☑❹ 溶岩台地のような裸地から始まる遷移を何というか。

☑❺ 伐採や山火事の跡地から始まる遷移を何というか。

☑❻ 暖温帯地方の植生は，ふつう，草原→低木林→陽樹林→（　　　）
と遷移する。

☑❼ 遷移の最終段階に達して，ほとんど変化しなくなった安定期の
植生を何というか。

☑❽ 次のa～eは一次遷移で見られる植物群である。これらの植生
を遷移に従って現れる順に記号で答えよ。

a	ススキ・イタドリ	b	クロマツ・ネズミモチ
c	ハナゴケ・スナゴケ	d	タブノキ・アラカシ
e	ヤシャブシ・ノリウツギ		

☑❾ 遷移の初期の種と後期の種を比較した場合，胚乳などに養分を
多く含む大きい種子をつけるのはどちらか。

☑❿ バイオームの種類を決める環境要因を二つ答えよ。

☑⓫ 下の表は日本におけるバイオームの水平分布についてまとめた
ものである。a～fに適する語句，植物名を入れよ。

分布地域	バイオームの種類	植物例
北海道東部	a	b
本州北半・北海道西部	c	d
九州・四国・本州南半	e	f
沖縄	亜熱帯多雨林	ソテツ・ヘゴ・ビロウ

☑⓬ 下の表は中部日本におけるバイオームの垂直分布についてまとめたものである。a〜hに適する語句，植物名を入れよ。

標高	バイオームの種類	植物例
2500m以上	高山草原	a
1700〜2500m	b	c
700〜1700m	d	e
0〜700m	f	g

h→

═══════════ ◀◀◀☑解答▶▶▶ ═══════════

❶優占種　❷相観　❸高木層　❹一次遷移　❺二次遷移　❻陰樹林
❼極相（クライマックス）　❽c→a→e→b→d　❾後期の種
❿年平均気温，年降水量
⓫a−針葉樹林　b−エゾマツ，トドマツ　c−夏緑樹林　d−ブナ，ミズナラ　e−照葉樹林　f−スダジイ，アラカシ，タブノキ，クスノキ
⓬a−ハイマツ，コケモモ　b−針葉樹林　c−シラビソ，コメツガ　d−夏緑樹林　e−ブナ，ミズナラ　f−照葉樹林　g−スダジイ，アラカシ，タブノキ，クスノキ　h−森林限界

COLUMN コラム

里山は世話をしなければ維持できない

　二次遷移の途中にある陽樹林を二次林といい，二次林は日本の森林の約36%を占めている。なかでも，クヌギやコナラなどの落葉広葉樹がつくる里山の二次林は，日本人が好む景観の1つだ。このような陽樹林は，遷移が進んで陰樹林になってしまわないよう，木を伐採して間引いたり（間伐という），下に生える草を刈ったりして（下刈りという）維持されているんだ。

第2章

生態系とその保全

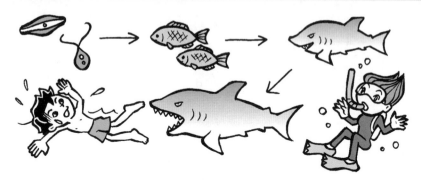

▲生態系とそのなかでの生物のつながりについて勉強するよ！

STORY 1　生態系のなりたち

1　生態系とは 〉★★☆

　生物の集団（生物群集という）とそれを取り巻く**非生物的環境**（光・大気・水・温度など）をあわせて**生態系**という。校庭の池も一つの生態系とみることができるし，森林や日本列島もそれぞれ生態系と言っていいんだ。

　生態系の中で，生物と非生物的環境は互いに影響を与え合っている。非生物的環境が生物に影響を与えることを**作用**といい，反対に，生物が非生物的環境に影響を与えることを**環境形成作用**というんだ。

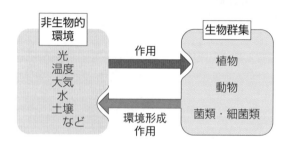

- **作用**…例 太陽の光と二酸化炭素濃度が植物の光合成に影響を与える。
- **環境形成作用**…例 森林が形成されると，昼夜の温度変化が穏やかになり，林床は暗くなる。

---

2 生態系のなかでの生物群集 〉★★★

　生態系を構成している生物群集は，役割のうえから大きく生産者と消費者の2つに分けることができる。
- **生産者** ➡ 無機物から**有機物を合成できる独立栄養生物**のことで，**光合成を行う緑色植物や藻類**がこれにあたる。
- **消費者** ➡ ほかの生物から**有機物を得る従属栄養生物**のことだ。消費者のうち，とくに生産者を食べる植物食性動物を**一次消費者**，一次消費者を食べる動物食性動物を**二次消費者**，それ以上を**高次消費者**というよ。

　　生産者から高次消費者までの各段階を栄養段階というよ。

　　また，消費者のうち，菌類や細菌類のように，生物の遺体や排出物に含まれる有機物を無機物に分解する生物を，とくに分解者というよ。

《POINT 9》 生 態 系

◎**生物群集**とそれを取り巻く**非生物的環境**をあわせて**生態系**という。
- → **生産者** ➡ 無機物から有機物を合成する。
　　　　　陸上では緑色植物，海洋では植物プランクトンや水生植物など
- → **消費者** ➡ 生産者が合成した有機物を直接または間接的に取り入れて生活する。
　　　　　{ **一次消費者** ➡ 植物食性動物
　　　　　{ **二次消費者** ➡ 植物食性動物を食べる動物
　　　　　{ 高次消費者
- → **分解者** ➡ 生物の遺体や排出物を無機物にまで分解する。　菌類や細菌類

3 食物連鎖 ＞★★★

生態系の生物は，たがいに**被食・捕食の関係でつながり合っている**。これを
食物連鎖という。

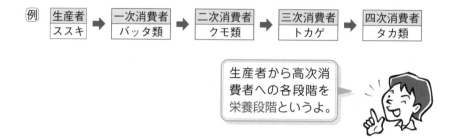

例

| 生産者 | → | 一次消費者 | → | 二次消費者 | → | 三次消費者 | → | 四次消費者 |
| ススキ | | バッタ類 | | クモ類 | | トカゲ | | タカ類 |

生産者から高次消費者への各段階を栄養段階というよ。

被食・捕食の関係って，こんなに単純ではないと思います。

そうなんだ。実際には，1種類の消費者が何種類もの生物を捕食するので，
食物連鎖はいくつも交わりあって複雑な網目状の関係をつくっている。これを
食物網というんだ。

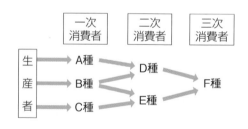

ここでもう一つ，生物種間の関係を学んでおこう。上の食物網を表した図で，
D種とE種はともにB種を捕食しているよね。D種とE種の間にみられるこ
のような関係を**競争**（**種間競争**）という。競争は，食物や生活場所が似通った
異なる種間にみられ，競争に負けたほうの種は，その場所には住めなくなって
しまうんだ。

248

《POINT 10》 食物連鎖と食物網

◎食物連鎖 ➡ 生態系でみられる被食・捕食の関係がつながり
合ったもの。

◎食 物 網 ➡ 食物連鎖がいくつも交わり合って網目状となっ
たもの。

4 キーストーン種 〉★★☆

生態系で食物網の上位に位置し，ほかの生物に多大な影響を与える種を**キーストーン種**という。

"キーストーン"って，何ですか？

石造りのアーチを築くときに，最後に頂上に打ち込むくさび形の石のことだよ。要石ともいう。キーストーンは頂点であるとともに，周囲の建材が崩れないように締める役割をもつ。だから，アーチからキーストーンを取り除くと全体の構造が崩れてしまうんだ。

キーストーン種の重要性に最初に気付いたのは米国のペインだ。1966年にペインは，海岸の岩場からヒトデを除去したところ，最初にフジツボが大繁殖し，しだいにイガイが増えて，やがて岩場はイガイに埋め尽くされてしまった。そのため，はじめは15種いた生物も，最終的に 8 種にまで減ってしまった。つまり，ヒトデがキーストーン種だったんだ。

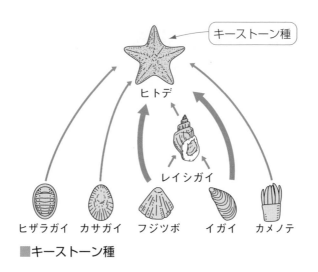

■キーストーン種

5 間接効果 ＞★★★

　競争や捕食，共生といった2種の直接的な関係以外に，それ以外の種を介して作用が及ぶことがあり，これを間接効果という。

　たとえば，かつて人間がラッコを乱獲したため，海藻が激減したことがあった。これは，海藻→ウニ→ラッコという食物連鎖において，ラッコの減少により，海藻を食べるウニが増加したためだ。

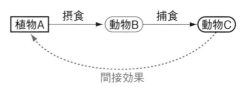

　また，ある植物を食べる動物Dと動物Eが競争関係にあるとき，動物Dを好んで捕食する動物Fが現れると，動物Eが増加する現象も間接効果だ。

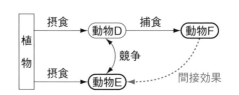

6 生態ピラミッド ＞★★☆

　生態系の中で，個体数，現存量，生産量（総生産量や純生産量がある。▶P.254）を，**生産者を底辺として一次消費者から二次，三次消費者の順に積み重ねていく**とピラミッド形になるんだ。これらを**生態ピラミッド**というよ。

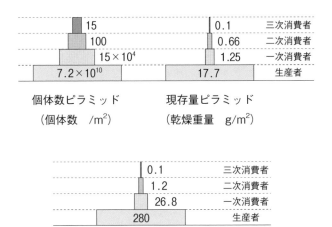

15	0.1	三次消費者
100	0.66	二次消費者
15×10^4	1.25	一次消費者
7.2×10^{10}	17.7	生産者

個体数ピラミッド　　　現存量ピラミッド
（個体数　/m²）　　　（乾燥重量　g/m²）

0.1	三次消費者
1.2	二次消費者
26.8	一次消費者
280	生産者

生産量ピラミッド
（リン酸吸収量　mg/m²・日）

■生態ピラミッド

発展　逆転する個体数ピラミッド

　生態ピラミッドのなかでも，個体数ピラミッドや現存量ピラミッドは逆転する場合がある。たとえば，1本のサクラの木にガの幼虫（ケムシ）がいて，そのケムシに寄生するコマユバチ（寄生バチ）がいて，さらにその寄生バチにダニが寄生しているといった場合は，個体数が逆転する。

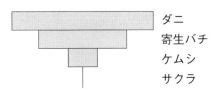

ダニ
寄生バチ
ケムシ
サクラ

■寄生の個体数ピラミッド

　ただし，個体数や現存量のピラミッドが逆転するような生態系でも，生産量ピラミッドは逆転しないんだよ。

次の図は，海岸の岩場に見られる生物群集の一例である。矢印は食物連鎖におけるエネルギーの流れを表している。

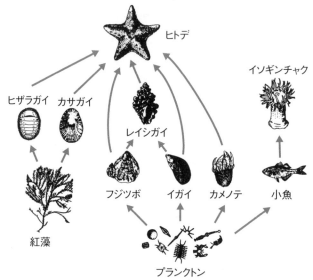

問1　この生態系において，ヒトデ，紅藻，カサガイがそれぞれ属する栄養段階はどれか。最も適当なものを，次の①〜④からそれぞれ一つずつ選びなさい。

① 生産者　　　　　　② 一次消費者

③ 二・三次消費者　　④ 分解者

問2　食物をめぐる競争が**起こりえない**生物の組合せはどれか。次の①〜④から一つ選びなさい。

① ヒトデとレイシガイ　　② フジツボと小魚

③ イガイとカメノテ　　　④ レイシガイとイソギンチャク

〈センター試験・改〉

問1　この図で**生産者**は，光合成を行う紅藻やプランクトン（植物プランクト
ン）だ。

　　一次消費者は，それらを食べるヒザラガイ，**カサガイ**，フジツボ，イガイ，
カメノテ，小魚ということになる。**二次消費者**は，ヒトデ，レイシガイ，イ
ソギンチャクだけど，ヒトデはレイシガイも食べるため，**三次消費者**でもあ
るんだ。

　　つまり，ヒトデにとってレイシガイは，捕食の対象でもあり，フジツボと
イガイという共通のえさをめぐる競争相手でもあるんだ。

問2　えさが違えば競争は起こらない。④レイシガイはフジツボとイガイを食
べるけど，イソギンチャクは小魚を食べる。この2種はえさが重ならないの
で競争は起こらないよ。

問1　ヒトデ−③　　　　紅藻−①　　　　カサガイ−②

問2　④

●物質収支

　生産者によってつくられた有機物が，生態系の中をどのように移動していくのかをみていくことにしよう。各栄養段階における，有機物の収入と支出，いわば "家計簿" をのぞいてみようというわけだ。

①生産者の物質収支

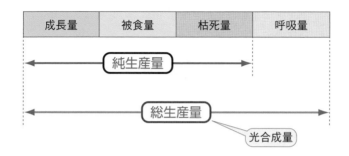

成長量	被食量	枯死量	呼吸量

純生産量

総生産量

光合成量

　生産者の収入は，**光合成によって得られる有機物**で，これを総生産量という。総生産量から，生きていくためにどうしても必要な呼吸量（**食費と考えよう**）を差し引いたものが純生産量だ。

　純生産量のうち，消費者に食べられてしまう量が被食量（いわば，**税金**だ），落ち葉や折れた枝となって失われる量が枯死量（**落としてしまったお金**だ）で，これらを差し引いた残りが生産者自身の成長量（**貯金できるお金**だ）となる。

　ここで理解しておきたいのは，**生産者が生態系のすべての生物（生産者・消費者・分解者）を生かしている**ってことだ。なぜなら，純生産量に含まれる成長量は，生産者自身の利益になり，被食量は消費者の栄養源，枯死量は分解者の栄養源，つまり収入となるからなんだ。

②消費者の物質収支

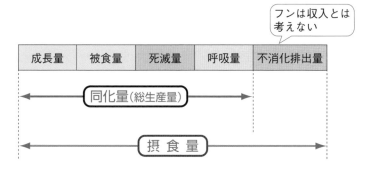

フンは収入とは
考えない

| 成長量 | 被食量 | 死滅量 | 呼吸量 | 不消化排出量 |

同化量（総生産量）

摂 食 量

　消費者は，ほかの生物を食べることで有機物を得る。消費者が食べる量を摂
食量（しょくりょう）というんだけど，食べた量のすべてが血や肉，すなわち同化量になるわ
けではない。食べても消化・吸収されずに排出される量，いわゆるフンの分を
引いたものが収入となる。つまり，**摂食量から不消化排出量（ふしょうかはいしゅつりょう）を引いたもの
が同化量**で，これが**生産者でいう総生産量に相当する値**となるんだ。ちなみに，
同化量から呼吸量を引いたものを**生産量**といい，生産者でいう**純生産量に相当**
する値となる。

●現存量

　ある時点での生物の体をつくっている有機物の総量のことを**現存量**という。
お金に例えると，その時点での貯金額といったところだ。したがって，1年間
の現存量の増加量が**成長量**となるんだ。
　極相林では，成長量がほぼ0となり，現存量があまり増加しない。このよう
な生態系を**平衡状態にある生態系**というよ。

水界の生態系

　ここまで陸上の生態系についてみてきたけど，水界の生態系についてもみてみよう。

　海や大きい湖の主要な生産者は植物プランクトンだ。植物プランクトンは，日中光合成を行うために水面近くの浅いところにいる。これは，深いところでは日光が弱くなり，光合成量が呼吸量を下回ってしまうためだ。1日あたりの光合成量と呼吸量がつりあう深さを補償深度といい，たいていの場合**これより浅いところに生産者がいる。**

　そのため，植物プランクトンを食べる動物プランクトンや魚類などの消費者も浅いところに集まってくることになる。

　ところが，これら生産者や消費者の遺体は湖や海の底へと沈むので，それらを分解して生活する**分解者は水の底に多くいる。**そのため，分解により生じた無機栄養塩類（窒素やリンなど）は湖や海の底に多く存在し，それを必要とする生産者がいる表層まで届かなくなってしまう。

　このような理由により，**水界の生態系では，生産者にとって無機栄養塩類が増殖のための重要な要素となっている**んだ。

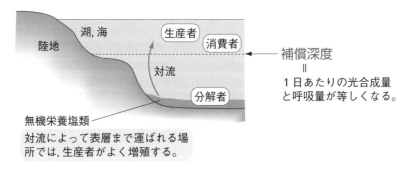

海の底の無機栄養塩類が，対流によって表層にまで運ばれる（湧昇海流が起きる）場所では植物プランクトンが増殖し，それを食べに魚類が集まるので，よい漁場になるんだ。

《POINT ⑪》 水界の生態系

水界の生態系では,

◎生産者 ➡ 植物プランクトン,水生植物

◎消費者 ➡ 動物プランクトン,魚類

◎補償深度 ➡ 1日あたりの光合成量と呼吸量が等しくなる深さ
植物プランクトンや水生植物が生育できる下限の深さ

◎生産者の増殖には,無機栄養塩類（窒素,リン）が大きくかかわっている。

STORY 3 / 物質の循環とエネルギーの流れ

1 物質の循環 ＞★★★

ここでは,生態系の中を物質が循環するようすをみていくよ。

① 炭素の循環

炭素は,炭水化物,タンパク質,脂質,核酸など生体を構成するのに不可欠な物質で,もともとは大気や海の中に含まれる二酸化炭素（CO_2）に由来する。**大気中の二酸化炭素が生物体に取り込まれる活動は,植物による光合成だ。** 植物は光合成によって炭素を有機物に変え,葉や根,果実といった部分に蓄える。そして,その一部が植物食性動物（一次消費者）に食べられて,その体の一部となり,さらにその動物が動物食性動物（高次消費者）に食べられることで,その動物の体の一部となる。**植物や動物の体に入った有機物の一部は呼吸によって分解され,再び二酸化炭素となって大気中へもどっていく。** また,植物や動物の遺体や排出物は,菌類や細菌類などの微生物の分解作用（これも呼吸だ）によって,二酸化炭素にもどっていく。このようにして,炭素は生態系内を循環するんだ。

しかし,近年人間活動によって,この循環のバランスが崩れつつある。それは**化石燃料（石油・石炭・天然ガス）の使用**のためだ。化石燃料は太古の生物の遺骸が深い地層に閉じ込められたもので,いったん生態系の循環から外れた

有機物なんだ。これを人間が掘り起こして使うわけだから，大気中への二酸化炭素の放出量がどんどんと増えてしまい，**地球温暖化**（▶P. 264）などの影響を引き起こしているんだ。

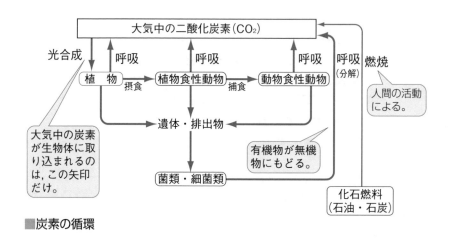

■炭素の循環

② 窒素の循環

　窒素は，タンパク質，核酸，クロロフィル（光合成色素），ATP（エネルギー物質）などを構成する物質で，炭素と同じく生態系内を循環する。でも，炭素とは違うルートもある。大気の約80%は窒素だけど，これを植物は直接利用することはできないんだ。植物（生産者）は，窒素を土壌中のアンモニウムイオン（NH_4^+）や硝酸イオン（NO_3^-）として取り入れ，アミノ酸などの有機窒素化合物をつくる。このはたらきを**窒素同化**というよ。

　また，大気中の窒素を，植物が利用しやすい形であるアンモニウムイオン（NH_4^+）に変えるはたらきを**窒素固定**という。この窒素固定ができる生物は，**窒素固定細菌**とネンジュモなどのシアノバクテリアしかいない。窒素固定細菌には，土壌中にいるアゾトバクターやクロストリジウムのほかに，マメ科植物の根に共生する**根粒菌**やハンノキの根に共生する放線菌などがある。根粒菌は窒素固定によってつくったアンモニウムイオンを植物に与え，見返りとして植物から有機物を得ているんだ。このためマメ科植物やハンノキは，遷移における先駆種となる。

　動物の遺体・排出物の分解によって生じるアンモニウムイオンは，土壌中の**亜硝酸菌**のはたらきで亜硝酸イオン（NO_2^-）になり，さらに硝酸菌のはたらきで硝酸イオン（NO_3^-）になる。これらの反応を**硝化**といい，亜硝酸菌や硝酸

菌は硝化菌（硝化細菌）とよばれる。また，脱窒素細菌は，硝酸イオンから窒素分子（N_2）を生じさせ，窒素を大気へともどしている。このはたらきを脱窒という。

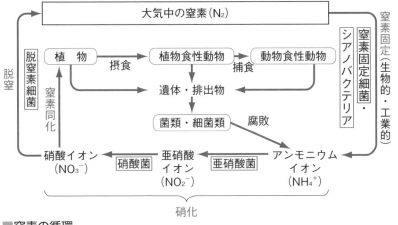

■窒素の循環

((POINT 12)) 窒素の循環

◎窒素同化 ➡ 植物が，NH_4^+，NO_3^-などの無機窒素化合物から有機窒素化合物をつくり出すはたらき

◎窒素固定 ➡ 窒素固定細菌やシアノバクテリアが大気中のN_2をNH_4^+に変えるはたらき

◎硝　化 ➡ 硝化菌がNH_4^+をNO_3^-に変えるはたらき

◎脱　窒 ➡ 脱窒素細菌がNO_3^-をN_2にして大気中にもどすはたらき

　ここでのポイントは，炭素や窒素などの物質は，生態系の中を循環するということなんだ。原子は途中で消えてなくなったり，無から生じたりはしない。「かのナポレオンの呼気中に含まれていた炭素原子（CO_2）の1個が，現代のすべての人々の体の中に含まれている」なんて試算もあるんだ。

次に，エネルギーが生態系の中を移動していくようすをみていこう。

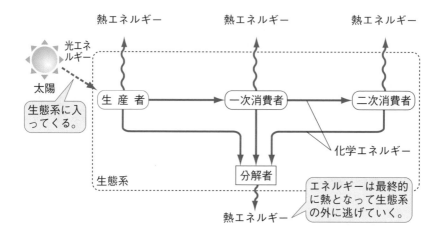

エネルギーは，もともと太陽の**光エネルギー**として生態系に入ってくる。これが生産者の光合成によって，有機物の**化学エネルギー**に変換されて，消費者や分解者に流れていくんだけど，これらの生物の生命活動の結果，最終的には**熱エネルギー**となって，生態系の外に逃げていってしまうんだ。

このように，**エネルギーは生態系の中を流れるだけで，循環はしない**んだ。

COLUMN コラム

窒素固定

　窒素固定の経路には，根粒菌などによる生物固定と，ハーバー・ボッシュ法などの工業的固定がある。現在では工業的固定が生物固定を超えていると考えられている。

　ちなみに，根粒菌などが窒素固定を行うための酵素ニトロゲナーゼには，鉄（Fe）とモリブデン（Mo）が含まれているんだけど，ハーバー・ボッシュ法で使われる触媒も，鉄とモリブデンなんだよ。

《 POINT 13 》 物質循環とエネルギーの流れ

◎生態系の中を，物質は循環するが，エネルギーは循環しない。

3 物質の循環と温度 〉★☆☆

　物質の循環において，生物の遺体・排出物を分解者が分解する過程は，温度によって速度が大きく変化する。それは，**暖かいほど分解者が活発にはたらく**ためなんだ。

 熱帯林では，土壌中の有機物量が少ないということ？

　そうなんだ，**暖かい低緯度の森林よりも，寒い高緯度の森林のほうが，土壌に蓄積する有機物量（多くは植物の枯死体）が多く，土壌の落葉層・腐植層が厚くなる**（▶P. 220）。

　たとえば，熱帯多雨林で1本の大きな木が倒れたとしよう。すると，その木は1年のうちに分解されて跡形もなくなってしまう。ところが，ヨーロッパ北部の針葉樹林だと，倒れた木はなんと200年も残るんだ。

　針葉樹林では，倒れた木は苔（こけ）むして緑色になり，幹に落ちた種子からは新たな植物が芽生え，倒木は新しい命の糧（かて）となるんだ。これを「倒木更新（とうぼくこうしん）」というよ。

《 POINT 14 》 温度と物質の循環

◎土壌に蓄積する有機物量は，気温の高い森林ほど少なく，
　気温の低い森林ほど多い。

図1は，森林生態系における炭素の循環を模式的に示したものである。矢印は炭素の流れの方向，a～iは速度を表す。図中の土壌有機物には，動植物および土壌中の生物の遺体・排出物が含まれる。

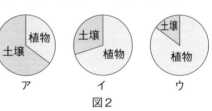

図1

問1 次のア～ウは，図1のa～iで示すとどのようになるか。下の①～⑨から一つずつ選びなさい。

ア　植物の純生産の速度

イ　動物の現存量が増加する速度

ウ　土壌中の生物が土壌有機物を無機物に分解する速度

① a	② a－b	③ a－(b+c)
④ a－(b+c+e)	⑤ c－d	⑥ c－(d+f)
⑦ g	⑧ g－(h+i)	⑨ i

問2 図2は，3つの極相森林生態系の植物と土壌中に蓄積している有機炭素量の割合を示したものである。図2のア～ウは，それぞれ熱帯多雨林，暖温帯照葉樹林，亜寒帯針葉樹林のどれに対応するか。

図2

問3 次の文の ［ 1 ］，［ 2 ］ に適する語句を，あとの①～⑧から一つずつ選びなさい。

図2の3つの極相森林生態系では，植物と土壌中に蓄積している有機炭素量の割合が大きく異なっている。これは，それぞれの異なった環境条件が，図1のa～iに作用した結果である。このとき，最も重要な環境要因は ［ 1 ］ で，これは，とくに ［ 2 ］ の速度に大きな影響を与える。

| ① 温　度 | ② 降水量 | ③ 日射量 | ④ 無機塩類量 |
| ⑤ aとb | ⑥ eとf | ⑦ eとg | ⑧ gとi |

〈センター試験・改〉

✓解説

問1 **ア** aは，大気中の二酸化炭素(CO_2)を植物が取り込む過程だから光合成量（**総生産量**）を表す。また，bは**呼吸量**を表していることはわかるよね。したがって，純生産の速度（**純生産量**のことだよ）は，**総生産量－呼吸量＝a－b**となるよ。

イ 「現存量が増加する速度」とは，"貯金"が増える速度，すなわち**成長量**のことだ。動物の収入である矢印c（**摂食量**）から，支出であるd（**呼吸量**）とf（**不消化排出量＋死亡量**）を引けばよい。

したがって，**成長量＝c－(d＋f)**となる。

ウ 「土壌中の生物が有機物を無機物に分解する速度」とは，分解者の呼吸の速度（**呼吸量**）のことだよ。したがって，iが正解だ。まちがってg－(h＋i)を選んだりしなかったかな？　これは，土壌中の生物の**成長量**（現存量の増加速度）を意味するよ。

問2 「土壌中に蓄積している有機炭素量」の大部分は，植物の落とした葉や枝，あるいは倒木と考えてよい。気温が低いほど，これらの有機物は蓄積しやすいのだから，**ア**が最も低温の亜寒帯針葉樹林で，**ウ**が最も高温の熱帯多雨林だとわかる。

問3 温度は分解者の活動を左右するよ。したがって，大きな影響を受けるのはgとiだ。

✓解答

問1　ア－②　　　イ－⑥　　　ウ－⑨

問2　ア－亜寒帯針葉樹林　　　イ－暖温帯照葉樹林
　　　ウ－熱帯多雨林

問3　1－①　　　2－⑧

STORY 4 — 生態系のバランスと保全

1 生態系のバランス 〉★★☆

　生態系は，台風や洪水，山火事などによって撹乱されても，長い年月のうちに元の状態にもどる。つまり，**自ら復元する力をもっている**んだ。これを生態系の復元力というよ。生態系は，撹乱されても回復するという小規模の復元をくり返していて，変動の幅が一定の範囲内に保たれている。この状態を**生態系のバランス**という。

　でも，**復元力を超える撹乱が生じると，生態系はバランスを失ない，元とは別の生態系になってしまう**ことがあるんだ。

> 復元力を超える撹乱って，たとえばどんなものですか？

　たとえば，**火山の噴火**だ。溶岩で森林生態系が破壊されると，そこには裸地ができて，生物が少ない単純な生態系になってしまう。また，**森林の伐採やダムの建設**といった**人間活動**も，生態系に大きな影響を与えるんだ。

　次は，人間活動が生態系のバランスに与える影響について学んでいこう。

2 里山の生態系 〉★★☆

　人里とその周囲の水田や畑，雑木林などをまとめて**里山**という。里山では，人間が適度に生態系にはたらきかけることで，多様な環境が維持されていて，多様な生物が生息している。たとえば，カブトムシやクワガタといったおなじみの動物も，人が管理した二次林にしか住むことができない（P.245のコラム参照）。すなわち，里山では人間が生物多様性に一役買っていると言えるんだ。

3 大気汚染 〉★★★

① 地球温暖化

　大気中の二酸化炭素（CO_2），**メタン**，**フロン**などは，**地球表面から宇宙へ逃げていく赤外線を吸収し，その一部を再び地表に放射する**のでその熱の一部が

地表にもどって，まるでビニールハウスで地球をくるんだように，地球をあたためている。このような二酸化炭素のはたらきを**温室効果**といい，温室効果をもたらす二酸化炭素などの気体を**温室効果ガス**というんだ。

　近年，地球の平均気温が上昇しており，二酸化炭素濃度の上昇が主な原因であると考えられている。そして，二酸化炭素濃度の上昇の原因の一つが化石燃料の大量消費なんだ。

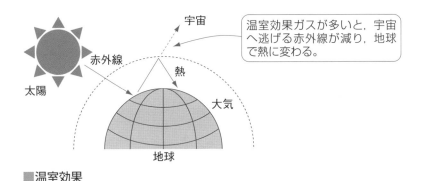

温室効果ガスが多いと，宇宙へ逃げる赤外線が減り，地球で熱に変わる。

宇宙　赤外線　熱　太陽　大気　地球

■温室効果

〔原　因〕
- ●石油や石炭などの**化石燃料**の**大量消費**
- ●伐採などによる**森林の減少**

〔影　響〕
- ●極の氷がとけることによる海面上昇
- ●生物の生息環境が奪われたり，生息地域が変化したりする。

《POINT⑮》 温室効果ガス

◎温室効果ガス ➡ 二酸化炭素，メタン，フロンなど

② 酸　性　雨

　自動車や工場で，化石燃料を燃やすと**窒素酸化物**や**硫黄酸化物**が排出される。これらの物質は大気中の水や酸素と反応して，**硝酸**や**硫酸**に変化することがあり，それが雨水に溶けると，強い酸性を示し，**酸性雨**や**酸性霧**となる。
　酸性雨は，土壌の酸性化や水質の酸性化を引き起こし，樹木の衰退や水棲生

物の減少などを引き起こすと考えられているんだ。

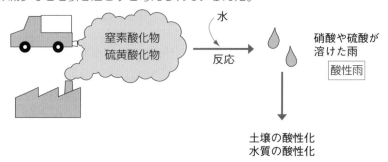

■酸性雨が起こるしくみ

〔原　因〕
　●化石燃料の使用により生じる窒素酸化物や硫黄酸化物

〔影　響〕
　●樹木の衰退，水棲生物の減少など

③　オゾン層の破壊

　地上約20kmあたりにあるオゾン(O_3)の多い大気を**オゾン層**という。オゾン層は太陽からやってくる**有害な紫外線を吸収するはたらきがある。**

　近年，南極を中心にオゾン濃度が減少している部分があり，これを**オゾンホール**とよんでいる。

〔原　因〕
　●**フロンガス**の使用

エアコンの冷媒（れいばい）やスプレー

〔影　響〕
　●地表に到達する紫外線の量が増加することで，**皮膚ガン**や白内障が増える。

紫外線にはDNAを傷つけるはたらきがあるんだ。

4 水質汚染 ＞ ★★☆

① 富栄養化

　湖や海などに生活排水などが大量に流入し，**窒素**や**リン**などの無機物の濃度が上昇する現象を**富栄養化**という。富栄養化は自然にみられる現象ではあるけれど，人間活動によって排出された窒素やリンによって加速することがある。

 人間活動によって排出される窒素やリンはどんなものに含まれているんですか？

　主に農作地にまかれる化学肥料に含まれている。過剰にまかれた肥料が分解されて，雨水とともに湖や海に流れ込むんだよ。これらの化学肥料は，工業的な窒素固定によって人工的につくられたものなんだ。

 海や湖が富栄養化すると，どんな問題が起こるのですか？

　窒素やリンは，農作物の肥料になるものだから，**藻類や植物プランクトンの栄養分となる**んだ。このため，海洋では植物プランクトンが異常に増殖して水面が赤褐色になる**赤潮**が，湖沼ではシアノバクテリアが異常増殖して水面が青緑色になる**アオコ（水の華）**が発生する。

　赤潮が発生すると，大量の植物プランクトンが毒素を出したり，魚介類のえらにつまって窒息死させたりする。また，プランクトンが大量に死滅すると，その死骸の分解に酸素が消費されるため，水中の酸素が減少して魚介類が住めなくなってしまう。

　また，富栄養化とは別に，有機物を含んだ工業排水や生活排水が流れ込んだ場合も，分解者が有機物を分解するため，酸素が消費されてしまい魚介類が死滅することがあるんだ。

富栄養化 ➡ 湖や海に，窒素やリンなどの無機塩類が蓄積すること

↓

植物プランクトンの異常増殖

↓

赤潮，アオコの発生 ──→ プランクトンが魚介類のえらに付着し窒息死させる，プランクトンが毒素を発生

↓

多量のプランクトンが死滅

↓

有機物の増加 ◀── 有機物が流入する（工業排水や生活排水）。

↓

分解者の増加

↓

酸素の減少 ──→ 魚介類の大量死

◎赤潮 ➡ 植物プランクトンが異常に発生して海水面が赤褐色になる現象
◎アオコ（水の華）➡ シアノバクテリアの異常増殖により水面が青緑色になる現象

---

② 生物濃縮
　　せいぶつのうしゅく

　ちょっと前までは，有害な物質でも，とても薄くして環境に捨てればOKなんて考えられていた。でも，それはまちがいだってことがわかったんだ。

　生物が，分解されにくく，体内から排出されにくい物質を取り込むと，体内で蓄積し濃縮される。しかも**食物連鎖の過程を経て，より高次の消費者ほど高濃度になる**。この現象を生物濃縮というんだ。このため，たとえ低濃度で環境中に放出されたものであっても，動物やヒトに害が及ぶことがあるんだ。

例　DDT（農薬），有機水銀，ダイオキシン，PCB（工業用の油）など

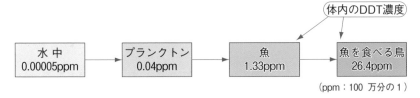

（体内のDDT濃度）

| 水　中
0.00005ppm | → | プランクトン
0.04ppm | → | 魚
1.33ppm | → | 魚を食べる鳥
26.4ppm |

（ppm：100 万分の 1 ）

■DDT の濃縮の例

③　自然浄化

　川や海に有機物を含む汚れた物質が流れ込むと，水質が悪化する。でも，その量が少なければ水による希釈や，分解者による分解によって汚濁物質は減少する。このような作用を**自然浄化**という。

　次の図は，河川に有機物を含む汚水が流入したときの様子を示している。汚水の流入地点では有機物の濃度が最も高く，下流にいくにつれて濃度が下がっている。これは，細菌類によって有機物が分解されるためだ。少し下流では，細菌を捕食するゾウリムシが増えている。有機物の分解で生じたアンモニウムイオンや，それが硝化されて生じる硝酸イオンは，藻類などの光合成生物によって利用される。このような過程を経て，水は流入地点から下流にいくほどきれいになるんだ。

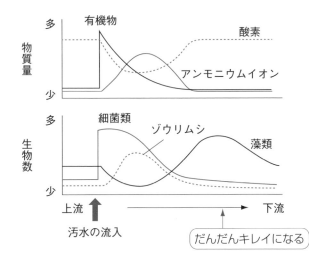

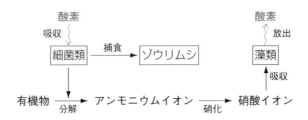

　でも，自然浄化の範囲を超える多量の生活排水や工業排水が川や海に流入すると，分解者が増えすぎて水の酸素が消費されてしまい，魚などが住めなくなってしまうことは前にも述べたよね。

発展　河川の環境調査

　水がきれいなのか汚れているのか評価する方法を紹介しよう。

　まず，水に含まれている有機物量を測る指標の一つに **BOD**（生物学的酸素要求量）がある。BODは，**細菌類が水中の有機物を分解するときに必要な酸素量**のことで，この値が大きいほど有機物は多い，つまり水は汚れていると判定されるんだ。

　また，**指標生物**から水質を評価する方法もある。指標生物とは，**環境条件に敏感に反応し特定の環境だけに生育する生物**で，環境省によって定められている。指標生物によって，水質は次の4つの階級に分けられるんだ。

水質階級	汚れの程度	指標生物
Ⅰ	きれいな水	サワガニ，プラナリア（ウズムシ），カワゲラ　など9種
Ⅱ	少し汚れた水	カワニナ，ゲンジボタル，スジエビ　など9種
Ⅲ	汚れた水	タニシ，ヒル，ミズムシ　など7種
Ⅳ	大変汚い水	アメリカザリガニ，セスジユスリカ　など5種

問題 3 **水質汚染** ★★★

　生態系の中で，生物は食べたり，食べられたりする一連のつながりをもっている。この過程で，ある種の物質の濃度は高次消費者の体内で急速に高まっていく場合があり，これを□□□という。その結果，人間にまで影響がおよんだ化学物質の例として有機水銀，カドミウム，DDT，PCBなどが知られている。

問1　下線部を何というか。

問2　□□□に入る語句を答えなさい。

問3　次のPCBの□□□の例に関する記述として，**誤っているもの**を下の①～④から一つ選びなさい。

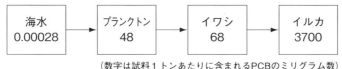

| 海水 0.00028 | → | プランクトン 48 | → | イワシ 68 | → | イルカ 3700 |

（数字は試料1トンあたりに含まれるPCBのミリグラム数）

①　高次消費者ほど濃度が高くなるので，重大な影響が出ることがある。

②　高次消費者に移るときの濃度上昇の割合は，ほぼ一定である。

③　高次消費者ほど濃度が高いのは，体外に排出されにくい物質だからである。

④　高次消費者ほど寿命が長く，蓄積される濃度が高い。

〈センター試験・改〉

═══ ✓解説 ═══

問3　②「高次消費者に移るときの濃度上昇の割合」を調べてみよう。

　プランクトン→イワシは，68÷48≒1.4（倍）

　イワシ→イルカは，3700÷68≒54.4（倍）

ということで一定ではなく，**高次の消費者ほど大きくなる**んだ。

═══ ✓解答 ═══

問1　食物連鎖

問2　生物濃縮

問3　②

5　外来生物 ＞ ★★☆

　人間活動によって，本来はいないはずの場所にもち込まれ，そのまま住みついてしまった生物を**外来生物**（がいらいせいぶつ）という。

　外来生物のなかには，**在来生物**（もともとその場所にいる生物）を捕食したり，在来生物の食物や生息場所を奪ったりするものもいて，生態系のバランスを崩すことがあるんだ。

　外来生物はどんな人間活動によってもち込まれるんですか？

　養殖や害獣駆除，ペットや観賞用などの目的があってもち込まれる場合もあれば，貨物の移動にともなって意図せずもち込まれる場合もあるんだ。いくつか具体例をみていくことにしよう。

①　オオクチバス

　別名ブラックバス。北アメリカ原産の淡水魚。釣りの対象として日本中の川に放流された。食欲旺盛で，魚類だけでなく甲殻類や水生昆虫まで捕食する。この魚のせいで琵琶湖では，ゲンゴロウブナやホンモロコなどの在来種の魚が激減している。

②　フイリマングース

　東南アジア原産。ハブ駆除の目的で，沖縄本島と奄美大島に放された。ところが，マングースは昼行性，ハブは夜行性だったため，肝心のハブを捕まえずに，かわりにニワトリやアヒルなどを襲いながらどんどん数を増やした。このため，沖縄のヤンバルクイナや奄美大島のアマミノクロウサギといった希少種が激減した。

③　カダヤシ

　北アメリカ原産の淡水魚。文字どおり“蚊（ボウフラ）を絶やす”目的でもち

込まれたが，生息環境がメダカと重なるため，メダカを駆逐してしまった。今
やメダカは**絶滅危惧種**(絶滅の恐れがある種)となっている。

 単純に日本の在来種が外来種より弱いってことです
か？

　いや，そうとは言えないんだ。今，**日本のワカメがヨーロッパやオーストラ
リア，ニュージーランドの沿岸で繁殖して，その国の海藻の生育を阻害してい
ること**が問題となっている。これは大型貨物船のバラスト水(船のバランスを
とるために積み込まれる海水)に紛れこんだワカメの胞子が，海外へ運ばれた
ことによると考えられている。
　いずれにしても，その場所の生態系には存在しなかった生物種が，天敵のい
ない条件下で数を増やし，在来生物を捕食したり，在来生物と同じ餌を食べる
ことで競争になったりすることは，どこでも起こりうるということだ。

　外来生物のうち，日本の生態系に悪影響を及ぼす，あるいは及ぼす可能性の
ある生物は，**特定外来生物**に指定されていて，飼育，運搬，輸入，野外へ放す
行為などが禁止されている。

特定外来生物
- 動物…オオクチバス，フイリマングース，カダヤシ，
　　　　アライグマ，カミツキガメ
- 植物…ボタンウキクサ，アレチウリ，ミズヒマワリ

《POINT 17》 外来生物

◎外来生物 ➡ 人間活動によってもち込まれ，その場所にすみ
ついた生物
　例　動物…フェレット，ワニガメ，グッピー，アフリカ
　　　　ミツバチ，アメリカザリガニ，ムラサキイガイ
　例　植物…ブタクサ，オオオナモミ，外来タンポポ，ホ
　　　　テイアオイ，ヒメジョオン，セイタカアワダチソウ

　外来生物は，在来生物を捕食したり食物や生息場所を奪ったりすることで，在来生物の個体数を減少させ，絶滅させることもある。そのため，外来生物は生態系を乱し，生物多様性に大きな影響を与えうる。

問　下線部に関する記述として最も適当なものを，次の①〜⑤から一つ選びなさい。

　① 捕食性の生物であり，それ以外の生物を含まない。
　② 国外から移入された生物であり，同一国内の他地域から移入された生物を含まない。
　③ 移入先の生態系に大きな影響を及ぼす生物であり，移入先の在来生物に影響しない生物を含まない。
　④ 人間の活動によって移入された生物であり，自然現象にともなって移動した生物を含まない。
　⑤ 移入先に天敵がいない生物であり，移入先に天敵がいるため増殖が抑えられている生物を含まない。

〈共通テスト・改〉

✔ 解説

選択肢を1つずつ吟味していこう。
① 「捕食性の生物」とは動物のことだよね。外来生物には動物だけではなく，植物も含まれるので，**誤り**だ。
② 外来生物とは，自然分布域（その生物が本来移動できる範囲によって定まる地域）の外に，人間活動によって運ばれる生物のことをいう。だから，国境は関係ないんだ。国内でも本来の生息域から別の場所に移されたら外来生物となるよ。
③ 移入先の生態系に与える影響の大小は関係ないよ。したがって，**誤り**だ。
④ この選択肢が正解。「**人間の活動によって移入された生物**」というところがカギだ。
⑤ たとえ増殖が抑えられても，移入先で定着したら外来生物だ。よって，

誤りだ。

④

6 生物の多様性 ＞★★☆

　地球上の生物は，いろいろな環境に適応して生活し，お互いに支え合いながら生きている。このような生物（とその集団）の個性とつながりのことを**生物の多様性**という。

　生物の多様性とは，単にいろいろな生物がいるということではなく，次の3つのレベル*があるんだ。

　　*：1992年の生物多様性条約で決められた。

- **生態系の多様性**…森林，里山，湿原，海洋といったさまざまな生態系がある。
- **種の多様性**…1つの生態系の中にも，いろいろな植物や動物，微生物が存在する。
- **遺伝子の多様性**…同種の個体でも，異なる遺伝子をもつために，形質や生態に多様な個性がみられる。

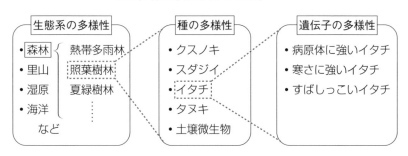

　近年の人間活動により，これらの多様性がどんどん失われてきていることが問題となっている。これらの多様性は互いに密接に関係し合っているため，1つでもバランスがくずれると別のレベルの多様性に影響が出るんだ。

　たとえば，人間活動により森林が伐採されると，生態系の多様性が減少する。当然，そこに住んでいた動物は住めなくなるので，種の多様性も減少してしまうんだ。

種の多様性が減っても，別の場所の種をもってきた
らいいのでは？

　外来生物のところで学習した失敗を忘れたの？　生物種の移出・移入は必ず
しも種の多様性に貢献するとは限らない。たとえ種が増えたとしても，生態系
の多様性に影響が出ることもある。たとえば，本州のホンドギツネと北海道の
キタキツネについて考えてみよう。この2種類のキツネを互いに移入させてし
まうと，本州でも北海道でもキツネの種は2種類に増えるので種の多様性は増
えるけど，本州と北海道にいる種が同じになってしまうので，生態系の多様性
は失われることになる。場所によって異なる種がいることが大切なんだ。
　さらに，これらのキツネの間に雑種が生まれる可能性もある。すると，固有
種がいなくなってしまう恐れがあるんだ。観賞用として輸入されたクワガタが
野生化して，在来のクワガタとの間に雑種が生まれていることも問題視されて
いるよ。

 個体数が減った種を人間が保護して数を増やすとい
う取り組みはどうですか？

　もちろん，種の多様性を維持するためには，絶滅しそうな種（**絶滅危惧種**）
を保護すべきだよね。その取り組みとして，絶滅危惧種を集めたリスト（**レッ
ドリスト**）や，レッドリストをまとめて生息状況などをより具体的に記した**レ
ッドデータブック**が作成されているよ。
　でも，一度数を減らした種は遺伝子の多様性が急速に失われてしまうことが
わかっているんだ。個体数が減った種は，近親交配をくり返すことで個体間の
遺伝子の違いが小さくなる。すると，環境変化や病原体に対する抵抗性が低く
なり（**近交弱勢**という），伝染病などでいっぺんに死滅してしまう恐れがある
んだ。できれば，そうなる前に人間が保護することが望ましいよね。

《 POINT 18 》

◎生物多様性には，生態系の多様性・種の多様性・遺伝子の
多様性の３つのレベルがある。

7 生態系の多様性 〉★☆☆

地球上には，森林や草原，河川，湖沼などさまざまな生態系が存在している。多様な生態系が存在することは，そこにすむ生物が多様になるだけでなく，私たち人間にもさまざまな恩恵を与えてくれる。このような生態系の恵みを生態系サービスという。生態系サービスには次のようなものがある。

■生態系サービスの例

供給サービス	食料	例	魚，果物，きのこ
	水	例	飲用，灌漑用
	原材料	例	木材，繊維，鉱物
	薬用資源	例	薬，化粧品，染料
調節サービス	気候調整	例	炭素固定
	大気調整	例	ヒートアイランド現象の緩和
	水量調整	例	排水，干ばつ防止
文化的サービス	自然景観の保全		
	レクリエーション・観光の場と機会		
基盤サービス	土壌の形成		
	植物の光合成		
	水の循環		

私たちが，いろいろな生態系サービスを受け続けるためには，生態系を守り，生物多様性を保ち続けなければならない。人間が，住宅地や道路を建設するなど，環境をつくり変えてしまうと，将来，生態系サービスが受けられなくなっ

てしまう恐れがある。

　そのため日本では，ある規模以上の開発を行う場合，**その開発によって生態系がどれくらいの影響を受けるかを，事前に調査すること**が法律によって義務づけられているんだ。このような調査を環境アセスメント（環境影響評価）というよ。

　これまで人間は，自然を変えてきたけど，これからは人間も生態系の一員として，どう位置づけるかを考えていかなければならないんだ。

　今や，医療に欠かすことのできない抗生物質。その多くは土壌中の微生物から発見されたものだ。これも生態系サービス（供給サービス）の例だよ。

COLUMN コラム

生物濃縮

　人間が生みだす有害物質として，ダイオキシンやメチル水銀がよくあげられる。でも，じつは，これらは天然にも存在するものなんだ。ダイオキシンは山林火災で，メチル水銀は海底火山から出る水銀をもとにバクテリアがつくると考えられている。これらが生物濃縮によって私たちの口に入る可能性があるというわけなんだ。

チェックしよう！

☑ ❶ 生態系を構成する生物群集は，生産者，消費者，（　　　）に分けられる。

☑ ❷ 生態系の生物が，たがいに被食・捕食の関係でつながり合っていることを何というか。

☑ ❸ ❷がいくつも交わりあって二次元に広がった関係を何というか。

☑ ❹ 総生産量＝純生産量＋（　　　）

☑ ❺ 純生産量＝成長量＋（　　　）＋枯死量

☑ ❻ おのおのの栄養段階における，有機物の総量（生体量）を何というか。

☑ ❼ 下の場合の生産者の成長量はいくらか。

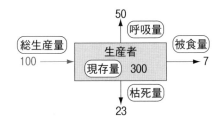

☑ ❽ 下図は炭素の循環を表している。空欄 A〜D と矢印 e に適する語句を下から選べ。

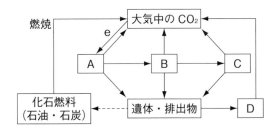

| 分解者 | 一次消費者 | 二次消費者 | 生産者 |
| 光合成 | 呼　吸 | | |

☑ ❾ 海における主要な生産者は何か。

☑ ⑩ 大気中の二酸化炭素などの気体が，赤外線を吸収することで気温を上昇させるはたらきを何というか。

☑ ⑪ 有害物質が，食物連鎖を通して高次消費者の体内で高濃度になる現象を何というか。

☑ ⑫ 湖や海に窒素やリンなどの無機塩類が流入し，その濃度が高くなることを何というか。

☑ ⑬ 植物プランクトンが異常に増殖して海水面が赤褐色になる現象を何というか。

☑ ⑭ 植物プランクトン（シアノバクテリア）の異常増殖により水面が青緑色になる現象を何というか。

☑ ⑮ 河川などに流入した有機物を含む汚水が，水で希釈されたり分解者により分解されることで，汚濁物が減少することを何というか。

☑ ⑯ 人間活動により，本来の生息場所ではない場所へもち込まれ定着した生物を何というか。

☑ ⑰ 生物多様性には，「生態系」・「種」・「□□□□」の3つのレベルの多様性がある。

☑解答

❶分解者　❷食物連鎖　❸食物網　❹呼吸量　❺被食量　❻現存量
❼20　❽A：生産者　B：一次消費者　C：二次消費者　D：分解者　e：光合成　❾植物プランクトン　⑩温室効果　⑪生物濃縮
⑫富栄養化　⑬赤潮　⑭アオコ（水の華）　⑮自然浄化　⑯外来生物
⑰遺伝子

さくいん

ま

や

ら

わ

山川　喜輝（やまかわ　よしてる）

河合塾講師。関東地方を中心に教壇に立つかたわら、映像授業（学研プライムゼミ）でも活躍。わかりやすく楽しい授業で、受験生から圧倒的な支持を受けている。手作りの教材やコンピュータシミュレーションを駆使した講義は、大変印象に残ると大好評。

一般書に、『カラー改訂版　理系なら知っておきたい　生物の基本ノート［生化学・分子生物学編］』（KADOKAWA）、『史上最強図解　これならわかる！生物学』（ナツメ社）など、学習参考書に、『大学入試世界一わかりやすい　生物［実験・考察問題］の特別講座』、『改訂版大学入試　山川喜輝の　生物が面白いほどわかる本』（以上、KADOKAWA）、『全国大学入試問題正解　生物』（共著、旺文社）などがある。

かいていばん　　だいがくにゅうし
改訂版　　大学入試

やまかわよしてる　　　　　　　せいぶつき　　そ　　　　　おもしろ　　　　　　　　　　ほん
山川喜輝の　　生物基礎が面白いほどわかる本

2023年 1 月27日　初版発行
2024年 6 月10日　再版発行

著者／山川　喜輝
　　　やまかわ　よしてる

発行者／山下　直久

発行／株式会社KADOKAWA
〒102-8177　東京都千代田区富士見2-13-3
電話　0570-002-301（ナビダイヤル）

印刷所／株式会社加藤文明社印刷所